打开心世界·遇见新自己
H Z B O O K S   P S Y C H O L O G Y

IT'S
OK
THAT YOU'RE
NOT
OK

Meeting Grief and Loss
in a Culture That
Doesn't Understand

拥抱悲伤

伴你走过
丧亲的艰难时刻

[美]
梅根·迪瓦恩
Megan Devine 著

张雯 译

机械工业出版社
China Machine Press

图书在版编目（CIP）数据

拥抱悲伤：伴你走过丧亲的艰难时刻 /（美）梅根·迪瓦恩（Megan Devine）著；张雯译. -- 北京：机械工业出版社，2021.7

书名原文：It's OK That You're Not OK: Meeting Grief and Loss in a Culture That Doesn't Understand

ISBN 978-7-111-68569-2

I. ①拥… II. ①梅… ②张… III. ①死亡 - 心理 - 研究 IV. ①B845.9

中国版本图书馆 CIP 数据核字（2021）第 156703 号

本书版权登记号：图字 01-2020-0202

Megan Devine. It's OK That You're Not OK: Meeting Grief and Loss in a Culture That Doesn't Understand.

Copyright © 2017 by Megan Devine, Foreword © 2017 by Mark Nepo.

Simplified Chinese Translation Copyright © 2021 by China Machine Press. This edition is authorized for sale in the People's Republic of China only, excluding Hong Kong, Macao SAR and Taiwan.

No part of this book may be reproduced or transmitted in any form or by any means, electronic or mechanical, including photocopying, recording or any information storage and retrieval system, without permission, in writing, from the publisher.

All rights reserved.

本书中文简体字版由 Sounds True 授权机械工业出版社在中华人民共和国境内（不包括香港、澳门特别行政区及台湾地区）独家出版发行。未经出版者书面许可，不得以任何方式抄袭、复制或节录本书中的任何部分。

拥抱悲伤：伴你走过丧亲的艰难时刻

出版发行：机械工业出版社（北京市西城区百万庄大街 22 号　邮政编码：100037）

责任编辑：朱婧琬　邵啊敏

责任校对：殷　虹

印　　刷：北京诚信伟业印刷有限公司

版　　次：2021 年 8 月第 1 版第 1 次印刷

开　　本：147mm×210mm　1/32

印　　张：8.875

书　　号：ISBN 978-7-111-68569-2

定　　价：59.00 元

客服电话：（010）88361066　88379833　68326294　　投稿热线：（010）88379007

华章网站：www.hzbook.com　　读者信箱：hzjg@hzbook.com

版权所有·侵权必究

封底无防伪标均为盗版　本书法律顾问：北京大成律师事务所　韩光 / 邹晓东

赞誉
PRAISE

当你深陷生活的泥淖,痛失幸福,全世界似乎都在勉强你"回到正轨",你不再是那个曾经的你时,对你而言,本书是一张许可证,它允许你有真情实感,随心所欲,畅所欲言。

——乔纳森·菲尔茨(Jonathan Fields),
美好生活项目(Good Life Project)发起人,
著有《如何幸福生活》(*How to Live a Good Life*)

作者抓住了悲伤体验的实质:悲伤不是一个亟待解决的问题,而是一个应当尊重的秘密。她理解悲痛者的痛苦不仅来自创伤经历本身,还来自他人的评判、漠视和误解。在过去的30年里,我一直在等待一本书,值得我将它推荐给所有失去孩子的家长、失去伴侣的人,或是因亲友亡故而悲痛的成年人。本书就是这样的一本书。

——唐娜·舒尔曼(Donna Schuurman),
道奇悲伤儿童和家庭咨询中心(Dougy Center for Grieving Children & Families)推广及培训部资深总监

这本行文优美的书是给心碎之人的最好慰藉,作者破除了一味忍受悲伤的错误观念。我们不必因为悲伤而感到抱歉!悲伤不是我们必须尽快治愈的疾病!丧恸能够让我们的心灵抵达神圣之地。作为我们的灵魂向导,作者无所畏惧、仗义执言,并且具有深切的同理心。

——米拉贝·斯塔尔(Mirabai Starr),
著有《没有绝望的大篷车:丧恸与蜕变回忆录》
(*Caravan of No Despair: A Memoir of Loss and Transformation*)

这是一本有力量的书。与悲伤心理有关的书大多关注如何"克服悲伤",本书却让我们"直视悲伤,与悲伤共处",毫不畏惧地和悲伤正面交锋。本书的字里行间透露出睿智和真诚,值得每个经历过丧恸的人都读一读。

——特蕾莎·里德(Theresa Reed),
著有《塔罗填色书》(*The Tarot Coloring Book*)

当代有关死亡的文化观念让我们在面对悲伤时束手无策,并且让我们在不经意间制造了更多痛苦,这使我们不仅伤害了自己,也伤害了我们最关心的亲人。本书是一本优秀的指导手册,帮助我们疗愈自己,支持彼此,并对抗这个回避讨论死亡的社会。

——萨拉·查韦斯(Sarah Chavez),
善终计划殡葬创意公司(the Order of the Good Death)
执行总监

作者对悲伤有切身体会，因为她不仅是治疗师，也是失去丈夫的女人。在本书中，作者用真诚恳切的语言揭示了悲伤的真相，并且提醒我们"唯爱永存"。

——杰西卡·汉德勒（Jessica Handler），
著有《看不见的姐妹：回忆录》（*Invisible Sisters: A Memoir*）和《浴火：丧恸写作指南》（*Braving the Fire: A Guide to Writing about Grief and Loss*）

本书是一本实用的智慧手册。作者用亲切诚恳的口吻全面讲述了"内心受伤的人陪伴彼此"意味着什么。

——史蒂夫·爱德华兹（Steve Edwards），
著有《绝境逢生》（*Breaking into the Backcountry*）

在当下的文化环境中，悲伤总是令我们猝不及防。本书如同灯塔，指引着我们用一种更好的方式来表达悲伤。本书引导我们成为陪伴者，而非救世主，来守护那些正在经历巨大伤痛的挚爱亲朋。如果你想做一个有人情味儿的人，先读一读本书吧！

——凯特·麦库姆斯（Kate McCombs），
人际关系教育专家、品茗诉情（Tea & Empathy）
心理疗法创始人

作者说清了悲伤的真相。通过她的讲述，我们能意识到被压抑、被污名化的悲伤其实是一种正常的情绪。本书非常治愈人心，读之必有所得。作者带领我们走进一片净土，在这里我们的悲伤是有价值的，会得到聆听和尊重。

——特雷·米勒·罗德里戈（Tré Miller Rodríguez），
著有《撕裂冷漠：一部真挚的回忆录》
（*Splitting the Difference: A Heart-Shaped Memoir*）

在与痛苦对抗的过程中，尝试给予或接受帮助是很困难的。本书指引我们如何优雅地度过艰难时刻，怀抱爱心和同情心去接受痛苦。作者提出的新观念温暖人心，这正是你所需要的。

——瓦妮莎·范·爱德华兹（Vanessa Van Edwards），
ScienceofPeople.com 的人类行为研究员，
著有《吸引：与人成功交流的科学》
（*Captivate: The Science of Succeeding with People*）

作者告诉我们，与其将悲伤当作疾病来对待，不如用善良的心去理解它。这是一本价值非凡的书。

——雷内·登费尔德（Rene Denfeld），
著有《死囚牢》（*The Enchanted*）和《找孩子的人》
（*The Child Finder*）

我们都需要这本书，因为它对悲伤做出了理性的诠释。作者打破了传统的刻板印象和社会期待，将已经承受锥心之痛的人从这些额外的痛苦中解放出来。对那些悲痛的人来说，这些文字带来的是安慰和深切的认同。作者用精准的语言、深刻的思考以及切实可行的建议，为那些在黑暗中摸索的人点亮了一盏灯。对那些想要鼓励悲痛者的人来说，这也是必读的一本书。

——贾娜·德克里斯托法罗（Jana Decristofaro），悲伤儿童援助服务（Children's Grief Services）组织者，道奇悲伤儿童和家庭咨询中心成员

作者从亲身经历中提炼出的智慧将悲伤还原为一种正常的情感。如果你厌烦了别人反复问你"好些了吗"，那么打开本书，你会获得一个看待悲伤的全新视角。

——克里斯·吉耶博（Chris Guillebeau），著有《追寻吧！过你梦想的人生》(*The Happiness of Pursuit: Finding the Quest That Will Bring Purpose to Your Life*)

对悲伤的支持和理解应该是发自内心的、诚挚的、明智的。

——杰克·康菲尔德（Jack Kornfield），著有《踏上心灵幽径》(*A Path with Heart*)

目录
CONTENTS

赞誉

推荐序

导言

1 第一部分
就和你想的一样疯狂

第 1 章　真实的悲伤 / 003

第 2 章　言外之意 / 014

第 3 章　错的不是你，而是我们 / 027

第 4 章　情绪失语症和责备文化 / 042

第 5 章　悲伤的新模式 / 063

2 第二部分
如何安放你的悲伤

第 6 章　活在真实的丧恸中 / 075

第 7 章　你无法解决悲痛，但你不必忍耐 / 094

第 8 章　如何以及为何活下去 / 111

第 9 章　我的大脑发生了什么 / 128

第 10 章　悲痛与焦虑 / 144

第 11 章　艺术与这一切有什么关系 / 160

第 12 章　找到自己"恢复"的画面 / 178

3 第三部分
当亲友束手无策

第 13 章　你该教育他们，还是无视他们 / 195

第 14 章　召集你的支持团队 / 212

4 第四部分
前进之路

第 15 章　善后部落 / 232

第 16 章　唯爱永存 / 246

附录　如何帮助一个悲痛的朋友 / 253

致谢 / 258

注释 / 260

扩展资源 / 263

推荐序
FOREWORD

人生在世，每个人都面临两个悖论。第一，没有人能替你过完一生（没有人能解决你的问题或者感受你的情绪），也没有人能独自经历人生。第二，生命只有一次，我们会经历爱和失去。没有人知道为什么会这样。人生就是如此。如果我们毫无保留地去爱，那么不可避免地，我们也会经历失去和悲伤。如果刻意回避，我们就无法真正感受爱。只有了解什么是爱和失去，我们才能完整而深刻地活着。

梅根对爱和失去有切身体会。对我而言，她是一个强大又体贴的伙伴。失去深爱的人之后，她明白了生命无常。我们无法克服悲痛，只能负重前行。丧失和悲伤彻底改变了我们的世界，我们无路可退，无法恢复正常，只有精神还在计划着制造一幅精确、全新的地图。梅根认为，我们不是来修复痛苦的，而是来关照它的。

事实上，那些承受痛苦的人有我们需要的智慧。我们生活在一个害怕流露情感的社会中，因此对彼此敞开心扉、探索人生之旅就显得尤为重要。只有通过情绪和感受，我们才能体悟人生真谛。

爱情和友谊日渐深厚的前提是：心平气和，不带偏见地经历爱和失去，既不任由对方在悲痛里沉沦，也不因为溺爱，剥夺彼此的灵魂接受洗礼的机会。梅根认为,"真正的安全感源于能够接纳彼此的痛苦,并且在痛苦中自我认同"。

于己于人,我们要做的都不是最小化我们感受到的痛苦和失落感,而是去探索这些足以改变人生的重大事件给我们带来的影响。通过我的亲身经历,我明白了一个道理:即使悲痛欲绝也不该对生活心灰意冷。人类有能力在乱局中利用心智渡过难关。

梅根失去了她的伴侣马特,在经历了一段痛苦的煎熬之后,她豁然开朗——有些伤痛刻骨铭心,难以复原;它们会扎下根来,不断演变,直到悲痛者终于再度接纳生活,即便一切早已物是人非。

在但丁的《神曲》当中,维吉尔指引但丁从地狱走入炼狱,但丁毫无惧色,直到面前出现了一面燃烧的火墙,他胆怯了。维吉尔对他说:"你别无选择。这烈焰熊熊燃烧却不会伤你分毫。"但丁心有余悸。维吉尔见状,抬手扶住他的肩膀重复道:"你别无选择。"但丁闻言重拾勇气,继续前行。

人生在世,每个人都会遇到这面火墙。梅根扮演了维吉尔的角色,指引我们穿越地狱直到火墙之下,自此我们必须独自前行,一旦迈过这道难关,我们便成为自己的向导。和维吉尔一样,梅根为迷途者指明了方向(但不是唯一的方向),为那些痛不欲生的人提供了精神支柱。无论路途多么遥远,都陪伴彼此经历爱和丧失,这是英勇之举。梅根是一位勇敢的老师。如果你深陷悲痛难以自拔,请翻开这本书。它会帮助你扛起重负,陪伴你走过这段旅程。

马克·尼波(Mark Nepo)

她将自己暴露给所有迷失的人。她和那个迷路的女孩一同歌唱。那个女孩既是她自己,也是她的护身符。

——阿莱杭德娜·皮扎尼克(Alejandra Pizarnik),

诗人

渺小如人类,唯有爱才能承受浩瀚宇宙。

——卡尔·萨根(Carl Sagan),

美国天文学家、科幻作家

导言
INTRODUCTION

我们文化中处理哀伤的方式已经被破坏了。我自认为对悲伤有一定的了解。毕竟，我从事私人心理治疗将近10年。我曾为上百位来访者服务过，他们当中有药物成瘾者和无家可归者，也有遭受数十年虐待、饱受创伤和悲伤折磨的人。我曾从事反对性暴力的教育和宣传工作，帮助来访者疏导他们人生中最可怕的经历。我学习了情绪表达和情绪调节的前沿知识。我非常关注这个领域，并且感到我的工作是重要且有价值的。

在2009年一个美丽、平常的夏日，我亲眼看到我的丈夫马特溺水身亡。马特体格强壮、身体健康。当时还有3个月就到他40岁的生日了。凭他的能力和经验，他是不可能溺水的。这个偶然的、无法预料的事件撕裂了我的世界。

马特去世以后，我想给我的所有来访者打电话，为我的无知道歉。虽然我从事深度情绪调节工作多年，但是马特的死让我看到了一个完全不同的世界。在那样量级的丧恸面前，我的所有知识都失效了。就我多年的从业经验和训练水平来说，如果有人能够事先准备好应对这样的丧恸，那么那个人应当是我。然而，任何准备都无济于事。我所学过的一切都不再重要。

我并非个例。

在马特去世的头几年里，我发现了一个为悲痛者组建的团体。这个团体中既有作家、活动家、教授、社会工作者，也有专业领域的科学家。我们这个小团体聚集了年轻的寡妇和失去孩子的父母，我们分享了彼此痛苦的经历。除丧恸外，我们每个人都曾因为悲伤而遭受非议、羞辱和告诫。我们分享了许多故事，其中有人鼓励我们"从悲痛中走出来"，把过去抛诸脑后，不再谈论我们失去的人。他们告诉我们要继续生活，我们需要这些死亡来看清生活中重要的是什么。然而，想帮助你的人往往会伤害你。鸡汤和建议，即便是出于好意，也总是带着不屑，把巨大的伤痛变为问候卡片上的一句俏皮话。

在我们最需要关爱和支持的时候，每个人都会感到孤独、被误解、被评判、被忽视。你身边的人并不是有意对你残忍，他们只是不知道怎样才能真正帮到你。和许多悲伤的人一样，我们不再向朋友和家人提起痛苦。与其对那些不理解你的人解释和辩护自己的悲伤——这就好比对牛弹琴，还不如假装"一切都好"。

我们转而向其他悲痛者倾诉，因为他们是知道悲伤的真实面目的人。

每个人都会经历悲伤和丧失。在巨大的痛苦中，我们都会感到孤立无援。在他人的痛苦面前，我们都曾无助地呆立。我们也都笨口拙舌、一时语塞，因为知道没有语言能够平复创伤。在这场对弈中没有赢家：悲伤的人觉得被误解，亲友们觉得自己在面对悲伤时无能且愚蠢。我们明白自己需要帮助，却不知该求助何人。我们原本想帮忙，结果却是雪上加霜。我们的好意总是被曲解。

这不是我们的错。悲伤的时候我们都希望得到关爱和支持，我们也都希望帮助我们所爱的人。问题在于，文化习俗教给我们的方法是错误的。

我们的文化视悲伤为一种疾病，一种可怕的、混乱的情绪，需要被立刻清除，越快越好。因此，我们对于"悲伤应当持续多久""悲伤应当表现出什么样子"形成了一套过时的理念。我们认为悲伤必须被克服、被修正，而不是需要被关心和支持。临床医生会将悲伤视为情绪紊乱的表现，而非应对巨大丧失时的自然反应。当专业人士都不知该如何处理悲伤时，普通人就更别想有技巧地、体面地应对悲伤了。

目前的文化环境和最理想的状态还有很大差距。我们掌握的处理悲伤的手段无法缩小这个差距。文化和心理学对悲伤的陈旧定义让我们在悲伤中无法照顾自己，也无法支持我们所爱的人。更糟糕的是，那些不合时宜的老观念使我们徒增了不必要的悲伤。

道路不止这一条。

马特去世后，我通过自己设立的网站"悲伤避难所"（Refuge in Grief）和上千位悲痛者一起工作。我花很多年学习了一些专业知识，它们能在漫长的悲伤中起到真正的帮助作用。与此同时，我本人也成了美国有知名度的心理治疗师，以悲伤援助为起点，我致力于探索出一条更人性化的道路，更为巧妙地拉近人与人之间的距离。

我对悲伤、脆弱和情绪表达的理论研究都基于我的个人经历，以及上千位努力穿越悲伤之境的跋涉者分享的故事和经历。

从这些悲伤之人和他们想要帮忙却不得要领的亲友身上，我发现真正的问题是：我们的文化始终没有教会我们用切实有效的技能来处理悲伤。

如果想要更好地关爱彼此，我们就必须理解悲伤。我们必须谈论它。我们必须将悲伤视作一种自然的、正常的情绪，而不是用回避、污蔑的态度将它一笔带过。我们必须开始探讨，有哪些实用的技能可以帮助我们面对被悲伤彻底改变的生活。

本书提供了一个看待悲伤的新视角，它不是某位锁在办公室里的专家对悲伤的研究成果，而是一个悲伤亲历者提出的新模式。我曾深陷悲伤之中。那时的我趴在地上哭嚎，食不甘味，夜不能寐，无法忍受踏出家门一步，哪怕只有几分钟。我曾坐在咨询师的沙发对面，听着那些陈旧、过时的悲伤五阶段理论和正面思考的力量。我曾因悲伤造成的生理症状而备受煎熬（健忘、认知障碍、焦虑）并找到了缓解之法。结合我的个人经验和临床技巧，我发现了"解决"痛苦和"关切"痛苦之间的不同。为什么"试图劝慰他人走出悲伤"和"帮助他人与悲伤共处"是截然不同的两种态度，而且前者会带来更大的伤害？通过我的亲身经历，我发现了问题的答案。

本书提供了一条路径，让我们重新思考悲伤的内涵。它鼓励读者将悲伤视作人类在面对死亡和丧失时的自然反应，而不是需要纠正的异常情绪。通过将焦点从"悲伤是需要解决的问题"转移到"悲伤是需要被照顾的经历"，我们将为读者提供他们最需要的帮助：理解、同理心、认可以及拥抱痛苦的方法。

虽然本书为读者展示了如何运用同理心和情绪技巧来度过

悲伤时期，但本书不只是写给悲痛者的，它提供的方法适用于每个人。在生命的某个节点，我们都会经历剧烈的悲痛或重大的丧失。我们都会认识一两个承受巨大痛苦的人。丧失是非常普遍的人生体验。

这个世界告诉我们，因为所爱之人的死亡而悲伤是一种疾病，需要治疗。本书提供了一个不同的视角，鼓励我们重新审视我们与爱、丧失、心碎和团体之间的关系。如果我们开始理解悲伤的真正本质，我们就能够拥有更加互助友爱的文化环境，开创一个理想的世界：在对方需要帮助的时候，伸出援手；无论生活出现什么磨难，我们都能感受到关爱和支持；当我们谈论悲伤的时候，彼此都能感到慰藉。

写作本书的真正原因是让人们更好地去爱——去爱悲伤的自己，当一个人再也无法承受生命之痛时，如何去爱他人。本书为我们做到这些提供了有效的方法。

感谢你，愿意阅读、倾听和学习。让我们携手同行，就算无法阻止悲剧的发生，我们也能够让一切变得更好。

1

第一部分

就和你想的一样疯狂

ptimize

第 1 章
真实的悲伤

我最想让你知道的是：丧失的经历确实如你所想的那样糟糕。

无论他人说什么，这件事都糟糕透顶。发生的一切都已成定局，你失去的一切都无可挽回。丧失的本质毫无美感可言。

你唯一能做的就是承认并接受现实。

你深陷痛苦之中，难以自拔。

真实的悲伤远不是他人侧眼旁观所认为的那样。在这个世界上，有些痛苦会让你再也无法振作起来。

你不需要解决方案，也不需要从悲伤中走出来。你需要的是一个"能看到你的悲伤并且承认它存在"的人。当你站在那里，盯着你不再完整的生命中的那个空洞，可憎的恐惧袭来之时，你需要的是一双握住你的手。

有些事情无法改变，我们只能负重前行。

当白发人送黑发人的情况或改变生活的重大事件发生

时，一切都发生了变化。即使在可预见的情况下，死亡或丧失也会给人们带来巨大的冲击。从那以后，一切都不一样了。你所期望的生活消失了、蒸发了。世界碎裂了，任何事都不再有意义。你曾经庸常的生活，从那一刻起突然变了。你不再过着和普罗大众一样的生活。若非如此，那些聪明人也不会苦口婆心地给你打气、灌鸡汤，试图让你摆脱痛苦。

* * *

事情并不会按照你所想的那样发展。

时间停止了。一切感觉都不再真实。你的大脑不停地回放那些悲伤事件，希望会得出不同的结果。其他人依旧过着普通的、日常的生活，这样的生活却让你感到残忍。你食不下咽，或者饥不择食。你辗转反侧，或者一睡不起。生活中的每件物品都成了遗物，成了那个不该结束的生命留下的印记。面对丧失带来的痛苦，你无处可逃。

在丧失发生后的几天到几周里，你会听到各种劝慰的话："他们也不想看到你伤心。""万事皆有因果。""至少你曾经拥有过他们。""你坚强又聪明，有办法走出来。""你会熬过去的！""这份经历会让你更坚强。你可以再试一次——寻找新的伴侣，养育新的孩子，以及想办法通过美好、有益的事情，把痛苦疏导出去。"

鼓励和安慰的陈词滥调毫无帮助。事实上，这种"支持"只会让你感觉孤独，好像全世界都不理解你。这不是被纸片划破的伤口，也不是信心危机。你不需要丧失挚友亲朋才能理解生命中什么是重要的，什么是你的使命，甚至是你被深深地爱着这个事实。

唯一能使你走出悲伤的办法是说出对于悲伤的真实感受，你的悲伤确实如你所想的那样糟糕。然而你身边的人，就像你想象的那样，即使竭尽全力，他们对你的悲伤的反应还是那么糟糕。你没有发疯，而是像理智的人一样做出回应。这真是不可思议！

问题是什么

目前，大部分"悲伤援助"的做法都是无效的。因为我们不谈论丧失。大部分普通人和不少专业人士认为，悲伤或丧失是非正常现象，是从普通而快乐的生活中脱轨的结果。

我们相信，无论从普通人角度还是专业角度来看，悲伤援助的目标都是使人摆脱悲伤，或者不再感到痛苦。悲伤是必须尽快摆脱的一种情绪，是一种不幸但转瞬即逝的经历，可以被挑拣出来抛诸脑后。

正是这种错误的认知使得许多悲伤的人感到孤立无援，他们不仅身陷悲痛，还感到被抛弃的孤独。对于悲伤情绪，我们有太多需要重新判断和修正的地方。很多人感觉对伤心事避而不谈会比较轻松。由于我们不谈论有关丧失的真实情况，因此很多悲伤的人认为，发生在他们身上的事情是不正常的。

悲伤没有错，它是爱的自然延伸，是面对丧失经历时健康、理智的反应。虽然悲伤让人感觉糟糕,但这并不意味着悲伤是一件坏事。你感到手忙脚乱,这并不意味着你精神失常。

悲伤是爱的一部分。我们对生命、对自我、对他人都怀抱着爱。你所经历的一切,即便是痛苦,也是爱的表露。爱是艰难的,有时甚至是一种折磨。

要想将悲伤的经历看作爱的一部分,我们就需要在真实的生活中探讨它,而不是从病理学角度来探讨它,同时我们必须摒弃一些虚假的希望,比如希望最后一切都会变好。

超越"正常"悲伤的悲伤

日常生活中处处都有丧失和悲伤。在我们的文化中,要让每个人都能说出、证实并且尊重自己内心承受的痛苦,正视自己所失去的一切,我们还有很多需要做的事情。然而,本书并不是为那些日常生活中的丧失经验所写的。

虽然生活中某些创伤会带来巨大的痛苦,但是这些最终能被克服。通过自我调节和努力工作,许多困难都可以被解决。如同荣格学派所说,在繁重的生活之下,确实有真金等着我们去发现。然而,我们所探讨的悲痛并不是这种情况。这里的悲痛不是"求而不得",也不是"塞翁失马焉知非福"。"物极必反"的转化机制在这里并不适用。

有些丧失的经历会颠覆你的整个世界。死亡会改变你看待事物的方式,悲伤会摧毁一切。痛苦会将你流放到一个截然不同的宇宙,而你身边的每个人感觉一切如常。

当我谈到丧失和悲伤时,我要探讨的是那些超出"正常"秩序的事情。我要探讨的是意外和疾病、自然灾害、人为的灾难、暴力犯罪和自杀。我要探讨的是随机的、非典型的、不正常的丧失经历,这些案例越来越常见。我要探讨的是那些不为人知的丧失经历,那些没人愿意谈论的痛苦经历,甚至是那些没人愿意听的痛苦经历:婴儿在出生前几天死于腹中,死因不详;活力四射、奋发向上的年轻人企图投湖自尽,获救后全身瘫痪;年轻的妻子目睹丈夫被劫车,中弹身亡;伴侣在海上被巨浪卷走;健康、有活力的女性在常规体检中被查出已是癌症晚期,只给她的丈夫、年幼的儿子还有无数朋友留下几个月的时间来接受这个噩耗;一个 20 岁的年轻人在南非执行一项人道主义救援任务时遭公交车撞击身亡;一家人在印度尼西亚度假时遭遇海啸;一场报复性犯罪导致多人死亡,许多家庭破碎,整个社区人心惶惶;小女孩因骨骼畸形丧失行动能力;吃早餐时还生龙活虎的兄弟,竟在午餐前猝死;有人从未察觉朋友深陷痛苦,直到发现他自杀身亡。

也许你翻开本书是因为你的亲友离世了。出于同样的原因,我写了本书。也许你的生活遭遇巨变,无可挽回,可能是因为事故、疾病,也可能是因为暴力犯罪或者天灾。

生命是如此脆弱而又难以捉摸。

我们从不谈论生命的脆弱:上一秒还是岁月静好,下一秒就遭遇不幸。无论是个人还是集体,都缺少用文字和语言去应对不幸的能力。因为我们从不讨论生活的这一面,所以当我们迫切需要爱与支持时，我们注定孤立无援。我们所拥有的资源远远满足不了我们的需要。

真实的悲伤与局外人看到或猜测的完全不同。安慰和劝解毫无用处。不是每件事都有原因可循，不是每次失去所爱最终都能让你将悲痛转化为有用的东西。不幸发生了，而希望并不存在。

我们必须打破沉默，我们要谈论这种令人痛苦的真相。我们要谈论真实的悲伤、爱与失去。

因为无论如何，彼此相爱就意味着会彼此失去，事实就是如此。

人生百年，转瞬即逝。世事无常，活着并非易事。我们会经历许多痛苦，万箭穿心，难以释怀。有些痛苦会在我们的生命中留下深深的烙印。我们需要了解如何承受它，如何关心陷入悲伤的自我，如何关爱他人。我们要明白如何活在当下，而当下的生活，正如你我所知道的那样，是不会永远一成不变的。

我们必须开始谈谈生活真实的样子，因为那也是爱的真实的样子。

幸　存

如果你发现自己陷入痛苦，而这不是你想要的生活，也不是你能想象到的结果，那很抱歉，我不能告诉你"一切都会好起来"，我不能告诉你"事情终会柳暗花明"。

你感觉不好,你可能永远都不会好起来。

无论你正在经历什么悲伤,重要的是要承认它有多么严重,多么让你难以承受,要承认它是令人恐惧和绝望的。

本书讲的不是如何治疗你或者治疗你的悲伤,我关注的不是如何让你"好过一点"或者让你"恢复正常",而是如何与丧失经历共处,如何承受生命不可承受之重,以及如何活下去。

虽然这种想法(相信自己能在经历如此可怕的事件后生存下来)本身就令人不安和恐惧,但事实上,你有极大的可能能挺过来。

经历过丧失之痛的人无须循规蹈矩地生活,也不用迎合他人对你的设想。怎样才能活下去?这个问题的答案不是能轻易找到的。你不可能将自己失去的一切抛诸脑后,假装自己从来就不曾拥有。

为了生存,你要忠于自我,找回自己真实的情感。这场悲剧就像你想的一样糟糕。一切就像你知道的那样阴差阳错、匪夷所思。只有迈出这一步,我们才能开始谈论如何与悲伤共处,如何带着怀念和爱生存下去。

怎样使用本书

本书共分为四部分:就和你想的一样疯狂,如何安放你的悲伤,当亲友束手无策,前进之路。在本书中,你会看到我学生提供的一些文字,他们都参加了我的"写出你的悲伤"工作坊。他们的文字开放且真诚地展现了悲伤的挑战性和多面性。

本书内容按照线性顺序展开，你可以根据自己的情况决定阅读顺序。应对悲伤没有一定之规。特别是当你处于悲痛的早期阶段时，你能吸收的东西其实非常有限。即使在经历丧失之前，你的专注力很强，悲痛也会极大地缩短你的注意力持续时长。要将繁杂的事务分类管理，这样更便于你掌控它们（在本书的第二部分中，我会进一步探讨悲痛会如何影响你的身体和大脑）。

本书的第一部分聚焦悲痛的文化，以及我们如何理解你正在经历的痛苦。我将追本溯源，找到"情绪无知"和我们对痛苦真相极度反感的历史根源。本书提供了一种广阔的视角，展示了"在宏大视角中，悲痛与爱的发展和演变"。

如果你的世界都崩塌了，那你为什么还要关心什么宏大视角呢？为什么要花时间去思考现实的人对于情绪有多么无知呢？

确实，你这样发问我可以理解。在悲痛的早期阶段，了解悲痛的文化观念并不重要。重要的是，你要知道自己不是一个人面对这个令人失望的世界。探讨如何在这样的文化环境中找到应对悲伤的方式会帮助你减轻孤独感。这种讨论能让你证实：外界强加给你的现实和你内心的真实感受之间有着天壤之别。

外界对你的看法总是想当然的，人们难以了解你的真实情绪，这是悲伤带给我们最大的考验。

我记得在我丈夫刚去世的那段日子里,我逼着自己走出家门,顶着一头乱发,两颊凹陷,衣冠不整,像个无家可归的人一样东走西逛,喃喃自语。我努力地继续生活,做一切符合常理和他人期望的日常活动,采购食品,遛狗,向每个告诉我一切都会好起来的人点头致意。很多治疗师告诉我,我必须快速度过悲痛的几个阶段,每到这个时候,我就闭紧嘴巴,保持礼貌。

与此同时,巨大的痛苦咆哮着,从里到外贯穿我的身体,看着这些正常人给我摆事实、讲道理。我告诉自己,对答要客气有礼,就好像一切都挺好,好像我所经历的不幸没有那么糟糕,好像我可以冷静克制地挨过这样恐怖的经历。

我能看到每件事里不对劲的地方。那些告诉我悲痛分为几个阶段,我要强迫自己克服痛苦才能获得"神圣解脱"的理智之人,以及指导我仅以某种方式超越痛苦就可以摆脱痛苦的读物,对我毫无用处。然而,这样说只会让别人给我贴上"抵触现实"的标签。

无视真实情感的悲伤援助有点像人情社会里的"皇帝的新衣"。那些痛苦的人明白所谓的援助毫无用处,那些出于好意滔滔不绝地讲着空洞的鼓励话语和俗套的安慰的人,在心里也清楚这些不痛不痒的话没有任何帮助。虽然我们对此一清二楚,但是没人说出实话。

"把悲痛说成某种智力训练,说成仅凭精神力量就能解决的难关"根本是无稽之谈。组织语言、规划任务步骤或做出理智行为与遭受巨大打击后控制行为是不同心智层面上的问题。

悲痛是出于内心的,而非理智层面的。那是爱最原始的表现形式。本书的第一部分将会探究我们拒绝这种原始情感背后的文化原因和历史原因。虽然这种探讨不会改变丧恸本身,但是在一个宏大且破碎的文化背景中理解个体的经历有助于我们以某种方式转变观念。

本书的第二部分关注你的实际行动——不是帮助你"缓解"悲痛,而是帮助你在万念俱灰之后承受生活的重量。虽然你无法从悲痛中复原,但这并不意味着你对它无能为力。一旦将焦点从解决痛苦转移到关注痛苦上,我们就会打开心灵援助的大门。虽然不能让一切"恢复正常",但诚恳地探讨真实的悲痛、确认它的存在会使情况有所改观。

本书的第二部分梳理了部分常见但鲜少被讨论的悲痛导致的症状,包括重大创伤给精神和生理层面带来的改变。本书中的一些训练能够帮助你管理不必要或无法避免的压力,改善睡眠,缓解焦虑,处理反复入侵大脑的创伤影像,为心灵打开几扇小小的窗户,使你能透过它们获得平静。虽然这样做无法扭转乾坤,但至少能让痛苦变得容易承受。

在本书的第三部分中,我们分析了为何来自朋友、亲人和其他熟人的安慰通常不尽如人意。面对经历丧失之痛的你,这些原本聪慧过人、善解人意的人为何束手无策?我们不能责备他们的"一番好意",也不能只是给他们发好人卡,而不告知他们自己真正需要什么。你该怎样使他们帮助你呢?我希望你能利用好本书的第三部分:将它交给那些真心想要帮助你的人，让他们按照书中的指导来行动。书中的对照清单、建议和自述文章能帮助你的援助小组更有技巧地疏解你的痛苦。同样重要的是，本书的第三部分能帮你判断谁是无法支持你的人，并能指导你通过一些技巧优雅地把他们从你的生活中抹去。

　　本书的第四部分将探讨如何走出丧失给你造成的毁灭性打击。假如你陷入极度的丧恸状态，怎么去奢望"过好日子"？你该怎样在一个物是人非的世界中继续生存？这是一个既复杂又烦琐的过程——把失去的爱放在心底继续生活，而不是抛却过往，弃旧迎新。本书的第四部分进入方法论层面，指导你如何得到真正的帮助和有效的陪伴，以及如何将痛苦和怀念融入生活，与悲伤共存。

　　悲痛的真相是：虽然我们无法战胜失去的痛苦，但我们会与它融为一体。无论需要多长时间，心灵和大脑终会在这片奇异的废墟之上重获新生。痛苦和怀念会逐渐找到共存的方式。你不必因为幸存于世而感到自责和愧疚。这是你亲手开创的新生活，它将成为你所能拥有的最美好的生活。希望你能通过本书找到从未消失的爱的线索，跟随它走向新生。这并非刻意为之，而是水到渠成的事情。

　　虽然我很抱歉你需要本书来应对悲伤，但我真高兴你能在这里学习如何与悲伤共处。

第 2 章

言 外 之 意

为什么安慰人的话
听起来总那么糟糕

　　目睹亲友陷入悲痛格外令人难受。爱你的人们对你说：你很坚强，能够挺过去；总有一天你会好起来；事情不会一直这么糟糕。他们鼓励你把目光投向光明的未来，到那时你就不会这么痛苦了。

　　他们为你提供了许多建议，想让你更快地摆脱悲痛。他们会告诉你，如果事情发生在他们身上，他们会怎么做。他们会讲述自己的丧失经历，就好像每个人的悲痛都是一模一样的，就好像知道别人也在痛苦煎熬会让你好受一点。

　　从亲密好友到泛泛之交，每个人对你的悲痛都有自己的理解，每个人都想让你好过一点。

　　想要安慰痛苦者是人之常情。我们都想抚平创伤。我们想要帮忙，希望得到帮助。我们尽自己所能给予对方帮助。但是，悲伤的人往往会感到羞耻、被忌讳和受排斥，无法得到支持和安慰。那些试图提供帮助的人也毫无成就感和价值感，他们感到沮丧，仿佛自己的帮助是多此一举，也没人领情。

双方都没得到他们想要的结果。

本书的这部分内容重点关注当代文化对悲伤和痛苦的错误认知范式。本章仍然与个人情感息息相关：他人对你的悲痛的回应的确会让人发疯，明白这一点至关重要。纠结究竟是自己"太敏感"，还是别人太愚蠢，只会徒增更多压力。认可并且验证自我感受是非常重要的——他人安慰你的方式当中，的确有不恰当的地方。

他们的话听起来没错：为什么我会如此愤怒

我一个挚友的父亲去世了，当时我正在写作本书。一周后她给我发来信息："大家给我寄来卡片，写满了最贴心的安慰。可是，为什么我会如此愤怒？我讨厌他们还有他们愚蠢的卡片。再暖心的文字在我看来都是那么刻薄。"

强烈的悲痛是无解的：根本没有"让你好过一点"的可能。刻意的安慰只会适得其反。他人的"帮助"对于陷入悲痛的人而言是一种侵犯。任何尝试理解和拉近关系的企图都显得愚蠢和粗鲁。每个人都对你指手画脚，告诉你应该怎样表现悲伤，怎样自我安慰。那些让你鼓起勇气、要比悲痛"更强大"的陈词滥调，还有让你"记住曾经的美好"的劝慰都让人感觉是一记响亮的耳光。

为什么安慰人的话会这么伤人？

在丈夫去世前，我一直在读韦恩·戴尔（Wayne Dyer）的《每个问题都有灵性解答》(*There Is a Spiritual Solution to Every Problem*)，这是一本好书。但是在他去世之后，我再也没办法拿起这本书了。我怎么读都感觉不对劲，就好像字里行间有个不和谐的声音一直在叫嚣。虽然我试图找回之前这本书带给我的慰藉和帮助，但实在是无能为力。

我把这本书合上，又重新翻开。然而，那不和谐的声音仍旧刺耳，文字也显得刺眼，我只好把它放在一边。

几个星期之后，我无意间瞥到这本书，它就放在咖啡桌上，它的书名引起了我的注意。

每个问题！

突然，一切都豁然开朗了。虽然确实每个问题都有灵性解答，但是悲痛不是一个能被解决的问题。它不是"故障"，因此无法被"修复"。它不是一种能被治愈的疾病。

我们想当然地以为如果一件事让人不舒服，那么它就是错的。人们认为悲痛是"坏事"，因为它使人痛苦。我们总是听说要缓解痛苦，走出痛苦，梦想着有朝一日不再痛苦。我们这样做，就好像悲痛是某种必须尽快摆脱的东西，是需要拨乱反正的错误，而不是一种应对丧失的自然反应。

大多数人都视悲痛为一个需要解决的问题。你的亲人和朋友看到你在痛苦中煎熬，他们希望缓解你的痛苦（无论这一目的是否被明确地表达出来）。这就是为何安慰的话语起不到任何积极作用。无论是有心还是无意，但凡他们想要解决你的悲痛，他们就无法给予你所需要的支持。

我告诉我的朋友，那些看起来温暖人心的慰问卡片之所以让人感到不适，是因为本质上它们是在试图修复痛苦。它们忽略了关键的事实：生离死别之痛让人撕心裂肺。虽然不是有意为之，但当人们粉饰太平，把悲痛遮掩过去的时候，情况只会更加糟糕。无论是亲耳听到，还是在那些漂亮或者可怕的慰问卡片上看到那些安慰人的话语，悲痛者都会产生不适感。在这一章中，我会分析在什么情况下，一片好心却适得其反。

嗨！我也是！

听说你痛失挚爱，大多数人会告诉你他们的悲痛经历，以此表达同情。具体案例从打擦边球的"我丈夫也去世了"，到文不对题的"我8岁那年，我养的一条金鱼死了，所以我理解你的感受"，不一而足。

他们分享丧失经历是为了表达对你处境的理解："嗨！我也是！我也走过这条路。我明白你的感受。"

彼此倾诉悲伤是为了减少悲痛者的孤独感，而这招并不总是奏效。将一个人的悲伤和另一个人的悲伤做比较往往会弄巧成拙。在悲痛方面，一个人很难与另一个人产生共鸣。悲痛和爱情一样，都是独一无二的。即使有人和你有相似的悲痛经历，也不意味着他们就能理解你。

向你讲述自己悲痛经历的人希望借此转移你的部分痛

苦。虽然他们是真心实意的，但这不是万全之策。从日常琐事到重大的、足以改变人生的不幸经历，每个人都背负着大大小小的悲伤。我们的文化从不谈论悲痛，因此我们积压了大量无法言说也从未听别人说过的悲痛经历，其中不仅有个体的悲痛，也有全世界共同的悲痛。当你表现出悲痛时，你似乎按下了一个开关，打开了一扇通往接纳和坦白的大门。当你开始谈论悲痛经历时，你就好像突然打破了禁忌，大家心想：感谢上帝，我们现在可以谈论悲痛了。让我告诉你我所经受过的痛苦煎熬！

我们都想倾诉自己的痛苦。我们都背负着需要同情的经历。但是，我们现在该做什么呢？此刻，你正在痛苦挣扎，丧失带来的痛苦压倒了一切。这不是交换经历、分享悲痛的好时机。

分享悲伤故事，把他人的悲痛经历和自己的做比较不会给你带来任何安慰。这些只会让你感觉对方在借你的痛苦满足自己倾诉的欲望，而他们的故事过去了多久，是否和你的丧恸有关根本不重要。

谈论自己的痛苦是一种转移注意力的策略，这时说话人关注的不是该如何支持你，而是满足自己的情感需要。虽然这看起来很不道德，但事实上，这就是我们错误的悲痛文化对你实际的悲伤过程造成的影响。

即便我们有时间和场合去分享彼此的悲伤故事，也不应该在自己的世界刚刚崩塌的时候这么做。你感觉好像被别人的悲伤故事"抢劫"了，那是因为它们确实夺走了你最重要的东西——当下的现实。

悲伤的竞赛

通过分享悲伤经历和悲痛者取得共鸣的做法往往会演变成一场悲伤竞赛，我叫它"悲伤奥林匹克大赛"，比拼的是谁更痛苦，谁的悲伤更深刻。

如果你对别人说他们的丧恸经历和你不同，我打赌对方一定会反驳。那是一种自卫，他们也心痛，感到被冒犯。如果你对与你分享悲伤经历的人说"这不是一回事"，他们听到的是"你的悲痛不如我的真实"。他们会把这话理解成你认为他们的痛苦还不够糟糕。你的分辩在他们眼中成了羞辱和轻蔑。

分享悲伤经历原本是期望引起双方的共鸣，结果却成了"争论谁的悲伤更痛苦"的竞赛。

我们需要探讨一下悲伤的等级。你无时无刻都能听到这句话：悲痛没有高低之分。我认为此言差矣。悲伤确实是存在等级的。离婚和伴侣死亡无法等量齐观，失去工作和失去胳膊也不能相提并论。

我要说的是：每种丧恸都是确实存在的，而且各有各的不同。你不能一概而论地说大家的丧恸都一样，因为事实并非如此。

从极端个人事件中跳出来，或许你能更容易明白这个道理，比如在重物砸到你脚趾的那个瞬间，疼痛吞噬了一切。在一段时间里你走路可能会一瘸一拐。如果你被一辆飞驰而过的火车轧断了整只脚，你也会疼。然而，二者的程度绝不相同。在后一种情况下，痛苦会持续更久，恢复需要更长时间，恢复过程充满了未知因素。它会影响你今后的生活。你再也无法回到之前的生活了。没人会说这两种痛苦是一样的。

对于被砸到脚趾的痛苦，我们都应该郑重地对待，更何况是被轧断了一只脚。我们承认每个人的悲伤都是真实存在的，但这并不意味着人们的痛苦程度是一样的。

我们必须注意，不要排斥任何人的悲痛。无论是什么样的悲痛，都值得被倾听。与此同时，我们不能把丧恸经历一概而论，这样是无法有效支持痛苦之人的。将不同程度的悲痛混为一谈，对悲痛者毫无帮助。

到达某个节点之后，比较不同的悲痛会变得毫无用处。失去孩子和失去伴侣，哪个更痛苦？溘然长逝和久治不愈，哪个更糟糕？自杀和被谋杀，哪个更凄惨？婴儿夭折。孩子罹患癌症。情侣溺水身亡。地震划开了看似坚实的大地，吞噬了成千上万条生命。随机爆炸事件频发。看似井然有序的宇宙裂开了一张"血盆大口"，现实生活不再有意义。像这样把悲伤经历放在一起做比较毫无意义，也毫无帮助。

我们要把下面这句话当作一条实践准则牢牢记住：要敬畏悲伤。更重要的是，不要拿悲伤做比较。知道每个人都经历过痛苦，并不能使你的悲伤消失。

和他人争辩你的悲伤经历有多么独特并不能帮助你好过一些。给悲伤程度分出个三六九等也不会让你开心起来。

当别人尝试通过分享他们的痛苦经历来减轻你的悲伤

时，你要明白，他们在试图建立共情。你还要知道，这种尝试之所以让你感觉糟糕，是因为他们并没有真正做到共情，他们只是无意识地将焦点从你身上转移到自己的痛苦故事上。你的真情实感被抹去了，而这恰恰不是他们的本意。

接下来，这样的谈话就会造成一种对立，那就是"我的悲伤比你的更痛苦"，到这一步，双方都会感到被忽视。

比较谁的悲伤更严重对任何人而言都是没有意义的。

言 外 之 意

即使没有比较，他人的安慰还是会让人感到错得离谱。

我们都会在两种身份中切换：一种是本想安抚人心，却感到尴尬和可笑的慰问者；另一种是接受他人的安慰，却感到被施舍、被蔑视的悲痛者。为什么一片好意却总是事与愿违？为什么即便你明明知道他们是出于关心，那些安慰人的话还是令人厌烦不已？

下面这些话都来自慰问者。

> 至少你曾经拥有过他。
> 你总是可以再有孩子／再找新伴侣的。
> 他们现在在更好的地方。
> 至少你现在知道了生命中真正重要的是什么。
> 这个经历最终会把你变成更好的人。

你不会永远这么难过。

你比你想象中的更强大。

天意难违。

一切都事出有因。

类似"他也不希望你这么难过"或者"至少你曾经拥有过他"的话看似是一种安慰。但问题是，这些相似的话语背后都有潜台词。这些潜台词在无意中忽视或者贬低了你的痛苦，抹去了当下的真实，转而去鼓吹另一种可能。其言外之意就是，你陷入当下的悲伤是不好的。

| 试一试 |

句子的后半部分

在这些相差无几的劝慰后面都加上这句话："那就停止悲伤吧。"

至少你曾经拥有过他（那就停止悲伤吧）。

为了热爱的事情而死，他是死得其所（那就停止悲伤吧）。

你一定可以再有孩子的（那就停止悲伤吧）。

在亲人和朋友试图安慰你的时候，你之所以感到畏惧或愤怒，是因为你听到了他们的潜台词。虽然没有直接挑明，但你心知肚明，他们的言外之意是，那就停止悲伤吧。

亲人和朋友希望你好起来。他们希望消除你的痛苦。他们不理解的是，当他们试图消除你的痛苦时，他们实际上是在排斥、轻视你的悲痛。他们没有正视你经历的一切。他们看不到真实的你。

试图抹除痛苦的安慰并不能带来真正的安慰。当你试图让悲痛者摆脱痛苦的时候，你一定会失败。你的做法只是在告诉他们，不要谈论痛苦，这样不好。

你需要有人聆听你的痛苦，才能真正得到安慰。你需要有人能像一面镜子一样，把你的悲痛情绪真实地反映给你，既不轻描淡写，也不大事化小。虽然这似乎有违人的天性，但是对悲痛真正的安慰就是承认痛苦，而不是试图让痛苦消失。

一切都事出有因

人类是如此有趣的生物。在说起他人的丧恸时，我们会很快给出抚慰、评价，同时自圆其说，但轮到自己时，我们又对自己说过几次"一切都事出有因"呢？如果不幸发生在我们身上，听到这样的话，我们一定第一个站出来反驳。我们总是把自己拒绝接受的话语用在别人身上。

"一切都事出有因"和"你会因为这件事变得更强大、更善良、更有同情心"这样的话只会火上浇油。拐着弯骂人比直白的羞辱更让人气愤。

抹杀当下的痛苦只是原因之一，真正激怒你的是那些安慰背后的潜台词。你可能经常听到"经历了失去的痛苦，你才会变得更强大、更善良、更有同情心""经历了人生无常，你才能明白生命的真谛"这样的话。

这些话的言外之意是，出于这样或那样的原因，你需要经历痛苦。在此之前，你没有意识到你生命中最重要的是什么；你不够善良，也不够有同情心；你还没活明白。你需要这样的经历才能成长、成熟，上了这一课，你才能踏上"人间正道"。

如此说来，难道困苦和失去是成为"人"的必经之路吗？难道只有经历痛苦才能打开更好、更深刻生活的大门，或是变得善良和慈悲？

这样的安慰背后的潜台词是：你以前不够好，你需要经历痛苦才能成长。

当然了，没有人去捅破这层窗户纸，即便你挑明了，当事人也一定会矢口否认。然而，这些幽灵般的字眼就藏在那里，而且它们对你产生了影响。

如果只有经历过痛彻心扉才能更加悲悯，那么只有自私、冷漠和肤浅的人才会经历悲痛。这在逻辑上说得通。然而，事实并非如此吧？如果你有所怀疑，那么这恰恰证明了我的观点是对的。你不需要经历这些才能成长。你不需要那些只有悲痛才能给你的教训。你原本就是个善良、正派的人，大胆地走你的路吧！

我们有 100 万种方式得到教训。悲伤和丧恸只是通往深刻和共鸣的途径之一，它们不是唯一的途径。在一篇关于创伤后心理成长的论文中，一位退伍军人治疗师提出，那些将巨大痛苦或伤害视作成长经历的人，在遭遇创伤前其个人生活非常压抑、孤独。尽管他们并不感激不幸的发生，但是他们在丧恸的阴影里看到了自我进步的轨迹。然而，那些遭遇不幸之前生活美满、情感深刻的人们该怎么办？研究者承认，这些实验参与者并没有经历巨大的心灵成长，因为他们已经没有成长的空间了。如果你满意自己的生活，那么"成为更好的人"不会让你更幸福。

悲痛不是为少数人准备的启蒙课堂。没有人需要通过剧烈的、改变一生的丧恸经历来成为他们"注定"要成为的人。上天在这件事上并不随意：因为你需要成为一个什么样的人，所以生活给了你这场劫难，帮助你达成你的目的。恰恰相反，生活是一来一往的"呼叫-应答"。事情发生了，我们消化并接受它。我们对所经历的事做出回应，这无谓好坏，理所当然。化解悲伤的方法在于接纳，而非改变。

你不需要经历悲痛。你不是非得从中得到教训，也不必将它抛诸脑后。这两种态度都太狭隘！改变人生的重大事件不会悄无声息地消失，它们也不意味着你在为过往的错误赎罪。当然，它们改变了我们，成为我们生命基石的一部分。或许你可以克服丧恸，以全新的姿态拥抱更美好、更完满、更有爱的生活。至于是哪种结果，关键还是看个人的选择，要让内心的自我和理想的自我达成一致，而不只是迎合大众观念，认为悲痛是实现自我提升的唯一途径。

从丧恸中寻找意义，探索心灵的成长，是以独立人格和自我认知为前提做出的选择。当他人将成长和某种意义赋予丧恸时，这实际上是在有意无意地羞辱和评判过去的你——

因为你的心智不够强大，所以你需要经历痛苦才能成长。难怪这种安慰会让人感到如此难受。

如果他人的安慰是在暗示你需要痛苦、需要不幸来摧毁你的生活，那么这绝不是真正的安慰。这是谎言，而谎言总让人感觉不适。

自我纠正与现实纠正

在传统认知里，悲伤是错误的，我们必须纠正这种观点，但这很难对悲痛者有所帮助。现在，重要的是要明白，我们文化中大部分对悲痛者的"支持"都旨在解决问题或者使其摆脱痛苦。你感觉不舒服是正常的，不用自我怀疑。悲伤不是需要解决的问题，而是一段需要走过的经历。我们要做的是发现、接受那些能帮助我们与悲伤共存的支持和安慰。陪伴才是助你走出悲伤的良药。

下面我将用几个章节详细分析西方社会拒绝面对痛苦的文化根源。虽然文化研究看似不接地气，但是从历史的宏观视角分析问题，能够帮助我们找到与悲伤和解的真正方法，从而减少孤独感，提升自我认同。

第 3 章
错的不是你，而是我们
悲伤模式的崩塌

你爱的人去世了，这和打破我们文化中的悲伤模式有什么关系？我的意思是：谁在乎？这是你的人生，与他人无关。除此之外，特别是在你处于悲痛的早期阶段时，每个人都觉得你有问题。外界的反馈让你觉得陷入悲伤的你和疯子无异。在你最需要关爱的时候，他人的无视和老生常谈的安慰会让你在悲伤中感到被抛弃了。

对悲伤讳莫如深的态度深刻地影响着每个人。探究其背后的文化根源有助于我们度过这段非常时期。

发疯的不是你，而是错位的文化认知。错不在你，错在我们。

> 重新审视学校、教堂和书本告诉你的道理，凡是对灵魂有害的，都应当抛弃。
>
> ——沃尔特·惠特曼（Walt Whitman），《草叶集》(*Leaves of Grass*)

自上而下的病理学

一提到悲伤，我们仿佛集体戴上了眼罩，拒绝看清现实。虽然大部分来访者都深受悲伤的困扰，但是对临床咨询师的培训很少深入这个领域。培训师学习的是一套非常过时的悲伤阶段理论，根本无法有效帮助来访者走出痛苦。然而，这套理论又一点一滴地从专业人士渗透到普通大众的观念当中。

我们的文化对悲伤的整体认知是完全负面的。悲伤被视作一种"偏差"和"异常"。医学上称其为"失调"。在大众的观念中，悲伤是遭遇困难时出现的短期应激表现，应当在几周之内消失。如果悲伤没有彻底消失，反而时常在快乐记忆中闪现，或是化作一个意味深长的微笑，那么你一定是犯错了，你不再像从前那样坚韧、健康、精明能干了。

伤感、悲伤、痛苦都是不正常的表现。你陷入了所谓的"黑暗情绪"。你没有按照悲伤的阶段处理情绪。沉湎于悲伤中不利于康复。悲伤是你现在遇到的麻烦，你必须把它解决。

当我们用积极词汇描述悲伤时，它往往会变成达成某种目的的方法。大众心理学、自助手册、电影剧本、小说情节和宗教典籍都把悲伤和丧恸上升到能够启智开蒙的高度，将超脱痛苦视为人生终极目标。幸福的唯一标准是快乐。生理和精神健康完全取决于你能否超越悲伤，恢复平静，重拾快乐。

身处这样的文化环境，你再难过也于事无补。除了作为病理学上的概念，痛苦本身并没有存在的意义。

反悲伤叙事和我们听到的奇怪言论

在我的丈夫马特刚去世的时候，我听到了许多不可思议的言论，有的和我处理悲伤的方式有关，有的和马特有关。人们告诉我，如果我一直对"失去一个男人耿耿于怀"，我就不是一个优秀的"女权主义者"。如果我无法化悲痛为力量，我的精神和个人能力就无法得到应有的提升。还有一种说法是，马特从未爱过我，他的灵魂从身体中脱离后，他比活着的时候更快乐，而他会对我的一蹶不振感到震惊。还有人对我说，这一切都是我和马特有意制造的结果。这辈子我们签订了契约，认可不幸的存在和不幸发生的可能，因此没有理由为不幸而悲伤。

还有一些貌似称赞的安慰：你聪明、漂亮又坚强，很快会再遇到合适的人；你应该化悲痛为力量，想想那些需要你帮助的人；如果你能振作起来，你会感受到他的爱永远属于你（前提是你必须停止悲伤）。凡此种种，目的就是把我从悲伤和痛苦中拯救出来，过一种常人能接受的生活。

和那些来自世界各地的悲痛者告诉我的故事相比，上述劝慰就小巫见大巫了。那些悲痛者听到的是：你有三个孩子，其中一个因为遗传病得癌症去世了，你该庆幸，至少你还有两个孩子；她命该如此，这是上天的安排，既然你无力改变，就该接受现实,挺过去,继续生活,毕竟一个人也没有那么重要;真正独立又有智慧的人不会过分依恋某个人;为了心智的成长,你需要经历悲痛,这些不幸一定是你对自己的试练;瘫痪让你获得了一次重新认识自我的机会,这是别人穷尽一生也得不到的。

对极度悲痛者来说,批评、指责和言语轻蔑都是家常便饭,而非个例。尽管大部分人都是出于好意,但结果往往适得其反。

关键在于,大众认为人就是要从悲伤中尽快解脱出来。似乎悲伤是某种怪事,是在你失去了所爱的人或物之后,做出的某种离奇、错误的反应。我们能够表露悲伤的机会非常少。在那之后,大家期望你从中吸取教训、得到历练,然后回归正常。你应该更智慧、更富有同情心,并且明白生命的真谛。沉湎于悲伤中只能说明你的处理方式有问题。

我们对于悲伤是如此讳莫如深,这导致悲痛者在接受他人的安慰后难以表达真情实感。在本书的第三部分中,我们将深入探讨这一问题。值得注意的是,大部分人即便受到误解,也不会再表达他们关于悲痛的真实感受,因为似乎没人想听。我们不再说"我很痛苦",因为无人倾听。

陷 入 悲 伤

经常有人问我,当朋友和家人陷入悲伤时,我该怎么做?我的回答是:"那么在你看来,没有陷入悲伤的人是什么样的？你期待他们怎样表现呢？"在大部分人看来，没有陷入悲伤意味着重返工作岗位，恢复幽默感，出席社交场合，不再终日以泪洗面，能够谈论悲伤和丧恸之外的话题。他们……似乎重新快乐起来了。

我们认为，"快乐"等同于"健康"。快乐似乎是一条准绳，只有达到这一标准，我们的生活才是合乎情理和规范的。

简而言之，"陷入悲伤"的反面是"恢复正常"并且必须尽快恢复正常（重拾快乐）。

多久算久

我记得那时马特已经去世一个多月，每次我对朋友说："今天真难熬啊！"他们会问："为什么？发生什么了？"我回答："马特去世了。"此时他们的反应是："什么？你还在为这件事难过吗？"

是的，我还在难过。5天，5周，5年……在马特刚去世的前几个月里，我听到的最好的一句话是，无论是过去8天还是80年，这样深刻的悲痛永远像"刚刚发生"一样。对于在近一两年内经历丧恸的人，我总是告诉他们："不幸刚刚发生，时间似乎才过去一分钟，你自然会感到痛苦。"说完这些话，你能感觉到他们松了口气。

对悲伤的偏见已经在我们脑子里根深蒂固：什么样的困难都不应该持续太久，最多两个月，不能再长了。超过这个时间，那就是无病呻吟。如此一来，失去你爱的人，好像只会给你造成短期的困扰，只是芝麻大的小事，绝不应该令你耿耿于怀。

医学上将持续时间超过 6 个月的悲伤称作"紊乱"。此类复杂的、需要心理干预的悲伤有如下症状：思念已经离世的人，感到不公平，觉得生活再也无法恢复原样（以及各种形式的绝望感），悲伤铺天盖地袭来。在现实生活中，别人留给你悲伤的时间要短得多。许多临床医生、牧师和治疗师认为，在几周之后，如果还受到丧恸的强烈影响，那就是错误的。随着对这类医学知识的了解，我们接受并固化了一种观念：要尽快从悲伤中恢复正常，越快越好。

这种将健康地、正常地、理智地面对悲伤的反应，医学化、病态化的看法对任何人都没有好处。

悲伤的阶段以及为何治疗师会失败

作为一名心理治疗师，我经常因为自己的职业而感到抱歉。我经常能从来访者那里听到很多可怕的经历，他们向治疗师寻求帮助，得到的却是愤怒和羞辱。容易漠视、评判、乱开药方的往往是专业人士。

无论接受了多少心理治疗的培训，或者多么强烈地渴望为来访者提供帮助，治疗师都常常是诊疗室里技能最差的人。很多时候，是悲伤的来访者在"教"他们的治疗师什么是悲伤的真实状况。

我在前面提到，心理治疗师培训大多学的是悲痛五阶段理论，这是伊丽莎白·库伯勒-罗斯（Elisabeth Kübler-Ross）博士在1969年出版的《下一站，天堂》(On Death and Dying) 一书中提出的概念。许多咨询师和医生都默认，这是指导我们"健康"地度过悲伤时期的理论基础。难怪许多悲痛者放弃向专业人士寻求帮助，因为悲伤五阶段理论并不适用于所有人。

悲伤五阶段理论是库伯勒-罗斯博士在倾听和观察临终者时提出的理论模型，原本是用来分析临终情绪的方法，后来演变成一种处理悲痛的策略。根据该理论，悲痛者会经历五个阶段：否认，愤怒，讨价还价，消沉，接受。这就是"悲痛"作用于我们身上的完整流程。

广泛流传的悲伤五阶段理论暗示我们应对悲痛的方式有对错之分，每个人都会按照这个顺序有准备地走过每一个阶段。我们必须完整地经历这些阶段，否则就永远无法痊愈。

我们的目标是摆脱悲伤，我们必须用正确的方法按照顺序尽快走完这五个阶段，否则一定会在与悲痛的较量中败下阵来。

库伯勒-罗斯博士在晚年表示，她后悔用这样的方式创造了这个理论模型，导致大众误认为悲痛体验是千篇一律的、有迹可循的。她提出悲伤的五阶段理论不是为了告诉大家在何时会感受到何种情绪，也不是为了判断你是否"正确地"经历悲伤。无论是对于临终者还是他们的家属，悲伤五阶段理论的目的是确认并合理化丧恸、死亡和悲痛。它的本意是安抚情绪，而非制造牢笼。

经历过死亡事件的人都要度过一段痛苦、迷茫的时期。我理解悲痛者和其亲友的心理，无论是专业人士还是非专业人士，都希望得到一张路线图，图上清晰地标出每一个阶段和站点，从而保证在旅程的最后给悲痛画上一个圆满的句号。

然而，你无法强行规划痛苦。你无法让痛苦井井有条或符合预期。悲痛和爱一样是私人化的，每个生命、每条道路都是独一无二的，没有章法，无迹可寻。无论"专家"怎样说，悲伤都不存在阶段。

无论大众的观念如何，悲伤都无法被分阶段处理。

能否顺利度过悲伤时期完全取决于个体经历。这意味着你要倾听自己的心声，要像承认爱一样承认悲伤，要抛弃所有人为设定的阶段、要求和限制，给悲伤、痛苦留出空间。

你或许和别人有很多相似的悲痛经历，倾听他人的经历会对你有所帮助。但是，请不要做比较，不要设立一条及格线，两个人分出个高下——这是无用的。

在专业医师学会给予悲痛者应有的尊重和关爱之前，很少有愿意坐下来、心平气和地倾听他人讲述悲伤的治疗师。

在这里，作为一名从业者，我深表歉意，但这并不是说行业里就没有经验丰富、方式得当的优秀医生和治疗师。在我刚失去丈夫的时候，我就遇到了他们。这些年在持续的悲伤援助工作中，我也遇到了很多优秀的专业人士。如果你一直在寻求专业人士的帮助，但是始终受挫，请你不要放弃。你会遇到善良的人。

> 根据临床诊断，我的抑郁程度正在加重，焦虑水平很高。治疗师建议我服用抗抑郁药物，并且采用一些线上的认知行为疗法。离开治疗室的时候，我感觉比来时更糟。国家健康保险中心办公室的人研发了一项测试，测验结果显示我不仅是悲痛了，我现在患有精神疾病。我一定是输给了悲痛，因为我还在悲伤。虽然我努力不让悲痛影响我，但是现在我拿不准这事到底结束了没有。毕竟我已经跨过 6 个月这道坎了。
>
> 贝弗莉·沃德（Beverly Ward）
> "写出你的悲伤"工作坊学员
> 关于伴侣的死亡

蝴蝶、彩虹和倡导转变的文化

我们文化中的悲伤失语症是由很多因素造成的。所有看上去无害的陈词滥调背后都有很多值得挖掘的内容。我们已经探讨了大众对悲痛的观点，以及表达中以解决问题为导向的深层逻辑。然而，反悲痛的文化根源埋藏得更深，还需要进一步深入研究。悲伤五阶段理论对专业人士和大众产生了潜移默化的影响，而这仅仅是个开始。

当我们随意在网络上搜索一下"悲痛"和"困境"时，跳出来的是成百上千条画着彩虹的鸡汤表情包，写着"一切都会过去"。我们认为，遇到困难时只要态度端正并勤奋努力，一切都会柳暗花明，毕竟在电影和小说里，失去伴侣的女人和失去孩子的母亲最后总会过上比原来更好的生活。就算结局有些悲伤或者喜忧参半，我们也能接受，因为至少主人公明白了生命中什么是最重要的。悲痛的双亲会从孩子的死亡中得到教训，并暗暗发誓：不会让下一个孩子遭遇这种不幸。可怕的濒死事故并没有导致死亡，实际上，它让整个家庭更加亲密。事情总会向着好的方向发展。

我们与悲痛之间的文化关系之所以如此奇怪，部分是因为一个看似无害的产业——娱乐。

我们所有的文化故事都涉及"转变"，都是救赎的故事。书、电影、纪录片、儿童故事，甚至我们讲给自己听的故事，所有的结局都是积极的。我们需要大团圆结局。如果结局不好，那就是主人公做错了。没人想读一本直到结尾主角还在痛苦中挣扎的书。

我们相信童话故事，因为在童话故事里，只要努力和坚持，困难总会迎刃而解。我们一定会迎难而上，绝不向困难低头，至少不会一直沉浸在悲伤里。故事的主人公，无论是真实的还是虚构的，在痛苦面前都是坚强、勇敢的。反派（那些令人失望的角色）总是固执地沉浸在自己的痛苦中，不愿回头。

我们的文化鼓励克服所有困难。坏事发生了，我们要以更强大的姿态战胜它们。这就是我们讲述的故事。它们不仅存在于屏幕中，还存在于现实里。

社会学家布琳·布朗（Brené Brown）提出，我们生活在一个"为失败镀金的年代"，我们崇尚那些绝处逢生的故事，因为这样的结局能使人得到救赎，但这些故事美化了过程中的黑暗与煎熬。[1]

在我们的文化中，有一条叙事原则：不幸和困苦能够助人成长，虽然过程艰辛，但结果一定是值得我们为之付出的。只要你相信，就能守得云开见月明，迎来光辉灿烂的幸福结局。

悲痛者会遭遇冷眼的原因恰恰是他们违背了克服困境的文化叙事原则。如果你不能转化你的悲伤，并从中发现美好的一面，你就失败了。如果你不尽快调整，在大家的注意范围之内，按照这个叙事原则完成从意外事件到身心转变的过程，你就脱离了文化叙事原则的轨道。

我们的文化对讲真话有一条看不见的禁言令，无论是虚构故事还是现实生活都是如此。我们不愿承认有无法解决的问题，也不愿承认有无法消散的痛苦。然而，我们必须学着和一些经历共处，这和一切最终都得到解决是两个概念。无论放进去多少彩虹和蝴蝶，有些故事就是不会有圆满的结局。

抵抗救赎故事

很多人在无意识地抵抗这些救赎故事。或者说，我们至少已经有了抵抗它们的想法。人们已经开始（非常缓慢地）

对这些牵强附会、一蹴而就的结局失去兴趣了。

实话实说,我想《哈利·波特》(*Harry Potter*)会大获成功的原因是它的黑暗主题。作者 J. K. 罗琳(J. K. Rowling)深入挖掘人性的黑暗,从不用美好的糖衣粉饰太平。结局不会皆大欢喜。丧失、痛苦和悲伤真实地存在着,我们无力回天,只得负重前行。

罗琳笔下的世界向我们证实了这一点。我们之所以喜欢《哈利·波特》,是因为我们需要一个更贴近生活的故事。

故事是有力量的。纵观人类历史,关于人类起源的故事为我们提供了学习的榜样、模仿的对象、向往的形象。故事帮助我们在宏大的视野中找到个人经历的位置。时至今日,故事依然有这样的力量,我们仍然需要故事。

我们渴望一种新的文化叙事原则。一种与我们的生活相符,与我们的内心感受相符,而不是与低成本的电视节目、电影相符的烂俗叙事原则。要改变现状,要创造出一种新的、有效的、真实的、能够引领我们生活方向的叙事原则,我们就要从拒绝大团圆结局做起,或者说要从重新定义大团圆结局做起。

你的悲伤不可能因为一句简单的"一切都会好起来"就变成美满结局,这样的结局压根就不可能出现。

新的英雄故事

马特去世之后,我开始寻找和我一样经历此种丧恸的人。我四处寻找那些被悲伤吞噬的绝望者。我需要他们的故事来指引我的生活方向。然而，我找到的故事都旨在教人如何摆脱痛苦，如何修复痛苦，如何尽快将悲痛转化为积极的能量。我反复阅读这些故事，结果就是我沮丧地发现自己一定出了什么毛病。

生活中的许多人，比如亲密的朋友、社区的熟人、治疗师，他们都想让我"好起来"。他们需要我"好起来"，因为像你我这样的痛苦令人目不忍视。我们的故事让人不忍卒读。

这不是他们的错。他们只是不知该如何倾听。如果我们只讲述那些能够痊愈的痛苦，后果必然是我们只剩下那些假大空的虚伪故事，它们既无法让我们学习如何与悲伤共处，也无法教会我们如何做一个好的旁观者。我们从不谈论无法修复的痛苦，那是禁忌。

我们不需要摆脱悲痛的新工具，我们需要的是能使我们在自处和社交中承受悲痛的技巧。

悲痛是人类共同背负的重担，但之前从未有人这样说过，原因很简单，我们之前从来没有听过真正讲述悲痛的故事。我们需要讲述新的故事。我们需要这些新故事告诉我们关于痛苦、爱和生命的真相。我们需要讲述勇气的新故事来面对那些无法修复的创伤。我们需要为彼此讲述这样的故事，因为令人悲痛真的发生了，我们真切地感到了痛苦。

如果真的想要帮助那些痛苦的人，我们就必须主动破除主流叙事中的陈旧观念——痛苦是需要转化或救赎的。我们要停下小跑的脚步，跳出悲痛五阶段的禁锢，因为它从来就不是什么必须遵从的标准。

要讲述更好的故事,我们需要编织一种文化脉络:它让人了解如何旁观和倾听,如何在无可挽回时泰然处之。要讲述更好的故事,我们要学着做更好的陪伴者,既为自己也为他人。

痛苦最终的结局并非只有救赎和沉沦两种。"鼓起勇气做一个英雄"的意思不是克服悲伤,把它转化成人生财富,而是在你恨不得一死了之的时候,有勇气清醒地面对痛苦。鼓起勇气意味着在你的心碎成100万片,并且再也无法还原的时候,你还能与自己的内心共处。鼓起勇气意味着直面你生命中的那道深渊,不是选择逃避,也不是简单地用一个"正能量"表情去掩饰你的不快。鼓起勇气意味着让悲痛在你的心灵空间随心所欲地舒展开来。想要鼓起勇气就必须讲述这样的故事,它是可怕的,也是美丽的。

这才是我们需要的故事!

故事还没结束……

在本章中,我们探讨了许多文化领域的问题。这一宏大视角能帮助你接受自我,让你感觉自己的悲痛并不癫狂,而是正常的。它还能帮助你寻求专业人士和个人的支持,能让你从人群中识别出那些不固守悲伤阶段论和传统文化转换论的人。

如果你想进一步挖掘我们对于痛苦的集体性回避,以及由来已久、令人震惊的悲痛羞耻的文化根源，请直接翻到第 4 章。如果你正处于悲痛的早期阶段，请直接跳到第 5 章。在那里，你会发现有关悲伤援助的新观点，以及与悲痛良性互动的生存状态是什么样的。

第 4 章

情绪失语症和责备文化

在我们的文化中，悲伤和死亡始终带着一种诡异的气息。我们评判、指责、剖析和鄙夷经历了悲伤和死亡的人。局外人总会在悲痛者身上找原因。悲痛者之所以沦落到如此境地，一定是因为不经常锻炼；她没有摄入足够的维生素，或者摄入过量；他不应该走在马路那一侧的；如果早知道那个国家经常刮季风，他们就不该去那里；明知道那几天外面很危险，她就不应该外出去那家酒吧；如果他当时真的那么难过，那在事情发生前他的情绪肯定不稳定；我敢说他一定有童年阴影——现在你明白未治愈的心理创伤会对你造成什么影响了吧？

我由此得出了一个结论（还未经科学证实）：悲痛事件的发生越偶然、越不合常理，对悲痛者的劝诫和审判就越多。我们无法接受和理解，一个人早餐时还生龙活虎，午餐时就咽气身亡；我们无法理解一个饮食合理、经常锻炼、心态平和、与世无争的好人会在 34 岁死于癌症；一个活蹦乱跳的孩子竟然突然倒地死去，而起因只不过是寻常的咳嗽；一个人骑车上班，走的是自行车专用车道，穿着反光面料的服装，车上还装有闪光灯，竟会发生车祸当场死亡。

他们一定做了什么伤天害理的事情，才会遭遇这样的悲剧。

一个似乎从未犯过大错的人，竟会死于非命，这件事想想就让人害怕。看着一个人被悲痛撕扯，想到有一天同样的事情会发生在自己身上，简直让人不寒而栗。

这样的丧恸昭示着生命无常。人的命运能够轻易地发生剧变。

马特死后，我只看了一篇新闻报道（唯一的一篇），记者将事件归咎于马特在游泳时没有穿救生衣。在这篇文章下面有一些来自陌生人的温和评论：马特是位天使；他在人间的任务已经完成了；他会守护着每个人。更多的评论将矛头指向了我，因为是我"让"他到河里游泳的，其他的则是苛责我们怎么会笨到干出这种蠢事。

在马特死后的日子里，我不止一次在人们的谈话中听到他们对我在马特死后的表现所做出的评价，这些评价基本都是非常负面的。要知道我从未在公开场合放声痛哭，我没有伤害任何人，也没有在各种场合下制造任何"大场面"。我只是不加掩饰地表露出我的悲痛。

幸存者感到耻辱、受到指责

我的悲伤和马特的死亡受到了他人的指责与评价,这种经历并不特殊,大多数悲痛者都有这样的经历。

当丧恸事件是非正常的、暴力的或者意外发生的时,我们会立刻指出幸存者做错的地方。这种指责的反作用力尤为强烈。他们是如此荒唐愚蠢,要是我,我绝对不会这么做。这样的做法能够在某种程度上放松大脑,使我们相信借由这种善意,我们和我们所爱的人都能得到保护。即使不幸发生了(错误不在我们自身),我们也能够坚强地面对。悲痛不会像摧毁他们一样把我们打垮,我们一定会比其他人处理得更好。一切都会好起来。

布琳·布朗发现,指责是一种宣泄痛苦和不快的方式。强烈的悲痛提醒我们,再小心谨慎,生命依旧如此脆弱,他人经历的噩梦接下来就会落到我们身上。这个事实实在令人如鲠在喉。我们必须用某种花哨的策略(或者说思维的暗示)来减轻这种不适感,维持安全感。

有人来到你身边对你说:"你的痛苦我简直无法想象。"事实上他们能够想象。他们的大脑会自动开始想象。身为哺乳动物,从神经生物学上来说,我们是能够互相沟通的。共情产生于我们大脑的边缘系统,能够让我们感受到他人的痛苦或快乐。获悉他人的痛苦会使我们感同身受。大脑知道我们是彼此相连的。

看到别人痛苦会触发我们的内部反应,让我们非常不适。我们从生理上明白这样的情景也会发生在自己身上，因此我们关闭了共情的神经中枢。我们拒绝和他人的连接。我们转向评价和指责。

这是一种情绪方面的自我保护本能。

然而，这种行为已经从个人蔓延到全世界。我们会清楚地发现，我们的文化对女性和少数群体的暴力已经发展成一种流行病：受害者一定罪有应得。在大规模的自然和人为灾害后，就会出现这种情况，例如2011年日本海啸发生后，有人称这是对日本偷袭珍珠港的"报应"。[1]

即使方式不同、形式不同，面对他人的痛苦，我们的回应也往往是指责：如果坏事发生了，你就要自己承担。

因幸存者的痛苦而指责他们（使其陷入悲痛或使其遭到某种人际暴力），是我们解决问题的必要机制。从同情转向诋毁是多么容易。我们总是将焦点快速转移到对责任在谁的辩论上，甚至无法在真实的悲痛中稍作停留。

我们对悲伤的恐惧，以及我们处理悲伤和丧恸的方式，源于我们对人际关系的恐惧。我们畏惧的是真正感受到人与人之间的关联。发生在其他人身上的事情也会发生在我们任何一个人的身上。虽然看到他人的痛苦我们会想到自己，但我们并不希望自己处于那样的境地。

灾难和死亡会引发一定层面上的共情，你会感同身受，并且认识到无论你有多谨慎，这些事都会发生在你或者你爱的人身上。有很多证据表明，在生活中，我们能掌控的只是一小部分。我们讨厌这些证据，竭尽所能、不惜一切代价避免生活失控。人为地划出了一条分界线,将那些处在痛苦中的人们放在了分界线错误的一边,而我们永远是正确的。相比于被痛苦摧毁,我们宁愿选择远离痛苦。

责备的文化保护我们的安全。或者说,它使我们相信我们是安全的。

跳进逃避痛苦的兔子洞

我们渴望证明我们爱的每个人都是安全的,并将永远是安全的。我们是如此迫切地想要相信无论发生什么,我们都会活下去。我们想要相信控制权掌握在自己手中。为了维持这个信念,我们创造出并维持着一个完全基于魔幻想象的文化系统:思考正确的观点,做正确的事情,足够成熟/超脱/积极/诚实,这样一切都会好起来。在第3章中,我们探讨了与救赎和转变有关的故事线索,这是自我保护机制的一部分。

我们从来不认为痛苦和悲伤是对不幸事件的正常反应。它们太具有威胁性,我们害怕被其吞噬,因此拼命抵抗这两种情绪。

由此带来的问题有很多,其中一个就是它创造了一个全社会都认可的指责结构。在这个结构当中,任何形式的困难或痛苦都会受到评价和羞辱,还会有人一再劝诫你要迅速回归"正常"生活。如果你无法战胜悲痛,你就是再一次犯了错误。

那么上帝呢

出于严谨的态度,我必须谈到组织化的宗教在形成逃避痛苦的文化中所发挥的作用。当我们所爱的人身患疾病或者身处险境时,我们会向上帝祈祷。如果他们平安度过危险,我们就会感谢上帝帮助他们逃过一劫。当事情得到圆满解决时,人们经常用"上帝保佑"来表达自己放心了。事实上,这种情感还有隐藏的第二重含义:如果上帝拯救了一些人,特别是那些向上帝祈祷的人,那么那些死去的人或者没有得到我们认为的圆满结局的人,就是不被上帝保佑的。他们以及那些为他们祷告的人都是失败者。如果不是这样,那就是任性的、全知的上帝出于某种原因不去拯救他们。人们认为宇宙中有某种支配一切的力量,这种力量能决定谁生谁死,在谢丽尔·斯特雷德(Cheryl Strayed)看来,这种观念体现了被保佑之人和被诅咒之人的错误等级划分。[2]

斯特雷德的解释非常到位,我也不能说得更好了。她在《美丽的小事》(*Tiny Beautiful Things*)一书中讲述了一个母亲的疑惑:她的女儿患上了有生命危险的重病,那么上帝在拯救她的女儿(或一开始就让她患病)的过程中究竟扮演了什么角色?如果上帝让她的女儿死去,她是否会依然相信上帝?

上述问题无法从精神层面得到合理的解释。求仁得仁(为什么上帝会听从我们的祈求)导致了一种错误的等级观念,将被保佑之人和被诅咒之人划分为两个阵营。人们将个人的好运或噩运作为检验上帝是否存在的试金石。这导致了一种不合逻辑的二元对立，它会削弱我们对他人的同理心，因为它的深层含义是，虔诚才是我们获得上帝庇佑的筹码，而历史、现实、伦理和理性等综合因素不是。[3]

信仰一个能够被人类的请求左右的上帝将人类引入了一个非常微妙的局面。在历史上，这种信仰像时疫一样毒害着人类。我们无法将心目中仁慈的上帝（在任何文化传统中都是如此）和那些发生在个人和世界范围内的恐怖事件联系在一起。面对这种认知偏差，我们只好创造出一种观念，即面对你的行为或祈求，有一种力量可以满足或者拒绝你的愿望。在一个充满不确定和不公平的宇宙中，这种观念赋予我们一种掌控感和力量感。

追本溯源，任何文化传统都要求无论生活给予我们什么，我们都要彼此关爱、互相同情。信仰不是用来改变结果的手段。如此看来，上帝就像一台自动售货机，根据买家的需要出售不同的商品。当上帝"天降洪福"时，我们就诸事顺遂、如有神助；当上帝"天降大任"时，我们就只能"苦心志，劳筋骨"。这对那些在困境中依靠信仰生存的人来说是一种伤害。这种观点对于那些依赖信仰度过困苦的人来说是有伤害的。相信某种超越性的力量会帮助我们度过危机，这种对信仰的狭隘定义会损害我们美好的文化传统。正是这样的文化传统一路陪伴我们走过人生中必须经历的一切，而从不判断谁对谁错,谁得救,谁遭难。

在无处不在的责备文化中,人们用信仰来掩饰对危险、意外和孤独的恐惧。这种文化观念对历经困苦的人们施加着精神上的折磨。

积极心态的流行

创造一套规则让我们产生能够掌控事情发展的幻觉远比接受现实容易,而现实是,即便我们遵守规则,从不"犯错",可怕的事情还是会发生。这种用责备来换取安全感的观念(形式不一)始终和人类相伴。

对受害者的责备以及对悲伤者的羞辱已经悄悄进入我们的生活,我们甚至难以察觉。

虽然在"一步错,步步错"的世界观形成的过程当中,我们始终能看到宗教的影响,但现代文化已经进入一个新时代,围绕困难、死亡和悲痛建立了一套新的正念式的思维理念:你创造自己的现实。外界发生的一切都是内在世界的反映。只有当你允许自己开心的时候,你才能开心起来。意念决定一切,幸福是内心活动,负面情绪是唯一的障碍。

即使那些不受掌控的事件发生,我们也要对事件做出可控的反应。我们认为难过、愤怒和悲伤都是"黑暗情绪",是一个发育不健全的、缺乏训练的大脑产生的残次品。我们或许无法阻止事件的发生,但只要"下定决心"改善情绪,就能减弱事件造成的影响。任何显示沮丧情绪仍在持续的迹象都表明，我们没有从正确的视角来看待整个问题。

这个建议看似在鼓励悲痛者掌控情绪进而掌控生活，但它背后隐藏着的依然是责备文化。尽管它被包裹在正能量的伪灵性话语之下，但其实质仍旧是对痛苦的逃避。它的前提在于幸福才是衡量情绪健康的唯一真实标准。

> 我亲爱的女儿，你已经离开3年了，我仍然疲于应付人们的关切："你还好吗？"他们真的认为我会说实话吗？我厌倦了听到人们说一切早在你出生前就安排好了，我们要接受你的死亡，因为这是对我们灵魂的历练。没有人愿意承认：或许一切就是一团乱麻，有些事发生了，没有任何原因，比如汽车碾过人的身体，子弹穿透头骨或心脏，血块堵塞肺部导致人无法呼吸，癌症蚕食着患者的身体。即使知道不幸是命中注定的，挚爱离世对我们的毁灭性打击也不会有丝毫减轻。
>
> 我已经厌倦听到人们说"你的死亡和我的心痛都不是无缘无故的，当我们在天堂相遇时，一切都会有意义"。我要说的是，就算我不再这么心痛，你不在了，生活便没有任何意义。我很想念你。我希望你还活着。
>
> ——德鲁·韦斯特（Dru West），
> "写出你的悲伤"工作坊学员，
> 写给去世的女儿茱莉亚

积极心态/正能量有什么问题

研究员、作家芭芭拉·艾伦瑞克（Barbara Ehrenreich）将积极心态（强迫下的快乐人生观）称作"正能量的暴力"。她从自己的癌症经历中感受到积极思维的作用。很多人劝她把癌症诊断书看作一个礼物，摒弃"负面情绪"，战胜疾病，但她有不同的想法。

> 我发现，不是每个人都把癌症看作一件恐怖或可怕的事情。正相反，唯一合理的心态就是积极向上。要做到这一点，就必须否认愤怒和恐惧（这些原本可以理解的情绪）的存在，并且必须用一层积极快乐的假面把它们遮住……毫无疑问，当积极心态"未能战胜愤怒和恐惧"，癌细胞扩散，治疗失效的时候，问题就出现了。这时患者只能自责："是我的心态不够积极吗？可能一开始就是我的消极态度导致了癌症……"
>
> 一直以来我都未曾发觉在美国有这样一种文化，它怂恿我们否认现实、笑对不幸，将命运的不公归咎于自身……事实上，它鼓励人们用积极心态去解决任何问题和障碍。[4]

艾伦瑞克进一步研究了积极心态在20世纪中期爆发的经济危机中的作用，及其给丢掉工作、变卖房产、失去退休金的人带来的影响。许多人在陷入贫困和其他经济问题之后，听到最多的安慰是，裁员和没收房产都是用来考验你的，要想真正获得成功，只需要相信自己并且保持积极的心态。只要你足够坚定，没有什么坎儿是过不去的。作为一种转移焦点的方式，对积极心态的强制引导是个绝妙的策略，它把责任从导致经济崩溃的公司实体上转移到个人身上。"还有什么比告诉那些苦苦挣扎的人'这一切都取决于你的心态'更有助于安抚民众呢？"[5]

责备悲痛者是让悲痛者保持沉默的最好方法。

这种掩盖抱怨、痛苦和怀疑的通用规则由来已久。为了掩盖贫困、暴力、不平等以及动荡的真正原因，历史上的统治机构往往采取鼓吹积极心态和压制舆论等策略。如果人们说出对局势的怀疑或恐惧，就会给自己招来杀身之祸或流放之患（在许多国家，流放就相当于死刑，因为流放之人会脱离所属群体的保护）。如果强制引导积极心态没能阻止民众反抗，就需要将公众的注意力从当下的事实转移到美好的未来上去：你现在遭受的痛苦越多，你会得到的奖赏就越多。这是在考验你的抗压能力。

这种文化观念可以追溯到西方文化赖以形成的传统宗教模式。一切都是因果循环。因为你惹怒了上帝（或统治阶层），你没有严格遵守规则，因为犯罪的代价就是忍受痛苦，所以你理所应当被惩罚。如果不知道什么原因（你并没有犯罪），但还是遭遇了不幸，那么上帝会在天堂给予你奖赏。那些承受痛苦的人最接近上帝。你会在来生获得奖赏——你会享受神秘的好生活，一切问题都迎刃而解。

这种对受害者的责备和对痛苦的美化并不是什么新鲜

事，只是现在我们能够用更加委婉的语言把它表达出来。

目前世界上有些政府出于政治原因仍然在使用这种责备转移机制，在各国文化中，这种机制都影响着人们面对悲伤和丧恸时的反应。在大众心理学和新时代的东方心理学当中，责备文化的内涵发生了一些微小的变化：你之所以在忍受痛苦，是因为你没有和真实的内在自我达成一致。如果你对内在自我多加关注，你就会认同这种观点：疾病或困难之所以会产生，是因为你抱着某种消极或仇恨情绪不放——这种负面情绪隐藏在你的内心中，并表现为身体上的病症。

当然，如果不幸确实发生了，我们也能够理解。东方的文化传统提倡人生来就要彼此同情关爱。如果你更加虔诚、更加理智、更加天人合一，这样的不幸就不会发生。或许你是在偿还过去种下的业障，也有可能是在为未来积攒好的善缘。在更广阔的领域，你也认可这种"人生训诫"。在这种文化背景下，你一心向善，坚持自我提升，在通往开悟的道路上一路前行。当遭逢不幸时，最明智的反应是超越它。练习超脱，不要让它过度消耗你的精力，要找到事物积极的一面。

从某种程度上来说，我们既把痛苦当作自我提升路上的礼物和考验，又拒绝让丧恸扰乱我们原本正常、快乐、美好、积极的行为举止。痛苦的情绪状态不会持续很久，它们只是为了让你变得更加优秀、善良、"正常"。痛苦使人成长。

这种文化观念美化了视悲伤为考验的逻辑，回避了现实世界中真实的痛苦。

精神回避法和开悟神话

在我们探究精神、思维或其他有关自我反省和自我成长的方法时，责备文化和对悲伤的压抑愈演愈烈。

有这样一种观点，作为一个"有灵性的"或"进步的"个体，我们应该做到不以物喜，不以己悲。我们应隐藏起真实的情绪从而战胜痛苦，或决心磨炼自己，以达到东方思想中的"超脱"境界。为世俗而烦恼是未开悟的表现。"在任何情况下都能保持镇定"是精神和情绪进步的标志。

还有一种观点是，无论是修身还是修心，灵性思考和冥想训练都旨在使我们脱离痛苦，保持安静平和。我们相信这些手段是为了让自己好过一点。

无论我们多么坚信上述观点，灵性思考和冥想训练的目的都不是消除痛苦。上述观点只是我们逃避痛苦的文化表现，不能反映出这两种精神训练的真实意图。

把如此美好的训练方法当作逃避痛苦的策略，实在是南辕北辙。

在任何文化传统中，各种灵性训练的目的都是帮助你更好地接受自己的命运，活出真正的自己，而不是让你克服或者超越自身的命运。这些训练为的是使你在悲痛中感到心有所依，让你在难以承受的痛苦中有一方天地能够喘息。这跟消除你的痛苦完全是两码事。

灵性训练不是让我们超越人性，恰恰相反，是帮助我们更有人性：增进我们与他人之间的联系，而不是让我们与世隔绝。

精神回避法背后潜藏着心灵和头脑之间由来已久的分歧——试图借由理性超越人性。我们之所以采用精神回避法，是因为人性使我们受伤。因为我们心中有爱，所以我们会受到伤害。因为我们心系身边的人，所以他们的死亡令我们痛苦，失去挚爱让我们如堕地狱。灵性训练能够使你对痛苦、磨难和困境持更为开放的态度，因为它们都是爱的组成部分。

上升到理智层面，提出一系列精神格言，只是我们防范情绪泛滥的一种方法。这是一种通过拒绝承认情绪的存在以防止自己陷入悲痛的方法。或许我们会称之为高级思维，而控制这一切的是以生存本能优先的脑干。我们真正需要的是发挥大脑边缘系统的作用，从而能够换位思考，给他人富有关爱的回应。

人类克服痛苦的方式不应该是否认痛苦，而应该是去经历痛苦。请允许痛苦存在，而不是把它隐藏起来，或者用一种更新、更现代的方式去抵制它：宣布那些痛苦的人不够"成熟"。这是无稽之谈，也是精英主义。出于同样的原因，你"否认"痛苦的存在，以便自己能够符合正常意义上的幸福标准。

你要允许痛苦存在！因为它是真实的。因为承认痛苦比抗拒痛苦更容易。因为接受现实会让人更柔软、更善良、更温柔，也更容易去承受痛苦（即使它让你撕心裂肺）。因为承认痛苦，而不是拒绝或者否认它，才是真正的开悟。你必须保持非常高的理性意识和情绪适应力，才能将注意力聚焦在真实的丧恸上面。

无论你抱有什么信仰或思维观念，它都不应当强迫你超越痛苦，或者以任何形式否认痛苦。如果真有这样的信仰或观念，那么它们的作用是增强你的情绪感知力，而不是减弱你的情绪强度。当你崩溃的时候，正确的反应就是让自己崩溃。假装镇定只是变相的"精神傲慢"。

> 精神回避法教人们借助精神信仰来逃避痛苦情绪，治疗未痊愈的心理伤痛，满足成熟发展的需要。精神回避法是如此普遍，以至于我们忽视了它的存在。任何文化传统中的精神理念，都能打着开智启蒙的幌子为信徒们逃避痛苦提供一套合理的说辞。然而，除却能满足悲痛者基本的心理需求不谈，精神回避通常弊大于利。
>
> ——罗伯特·奥古斯都·玛斯特斯（Robert Augustus Masters），《灵性逃避》(Spiritual Bypassing: When Spirituality Disconnects Us from What Really Matters)

请注意，你失落沮丧并不意味着你就无法成为一个"有灵性的"或者"情绪上理性"的人。你的沮丧失落是有道理的，你有承受痛苦的意愿，表明你的情绪是有深度的。共情（感知自我和他人的能力）才是个体成熟的真正标志。

> 早先我迫切地向佛学大师寻求帮助,希望能够更为深刻地"觉察"自己的悲伤,然而结果让我很愤怒。他告诉我四圣谛①——我的痛苦全部是执念作祟,我要做的是摆脱执念。这是我听过的最残忍的说法。他始终在说:"这是执念,这是执念。"当我在痛苦中煎熬、涕泗滂沱的时候,我问他:"为什么我如此心痛?"他无法回答我。
>
> 莫妮卡·U. 柯林(Monika U. Curlin),
> "写出你的悲伤"工作坊学员,
> 写于丈夫弗雷德意外死亡之后

回避悲伤的代价

我明白,探讨回避痛苦的历史根源会让我像一个脾气暴躁又古怪,抱怨现状的人。从某些方面来说,这就是我。事实上,我每天都会发现悲痛者在他们的不幸之外还承受着巨大的痛苦。我一遍又一遍地发现他们的痛苦来自外界的误解、鄙夷和评价。

对积极心态的狂热只会给我们帮倒忙。它导致了一种错误的观念,让我们认为自己能够掌控世界,我们需要承担每

---

① 四圣谛指苦、集、灭、道四谛。——译者注

一次心碎和痛苦的责任。它打造了一个"一步错,步步错"的世界,在那里我们必须小心不要惹恼上帝、制造业障,或者用执念损伤自己的身体。它迫使人们将否认和自我欺骗当作获取自由和安慰的手段。它让我们对悲痛者说出毫无意义的陈词滥调,喋喋不休地描绘想象中的未来的奖赏,却忽视了悲痛者当下真实的痛苦。

我们如何面对悲伤反映了我们如何对待生活。哈佛大学医学院的心理学家苏珊·大卫(Susan David)指出,我们的语言文化对悲伤是完全回避的。当我们开始解析语言中有关悲伤和丧恸的部分时,我们就会发现上述观点无比正确,同时还会觉察到这种回避悲伤的文化观念对其他生活领域的影响。

如果我们要从这种文化氛围中突出重围,不仅为悲伤者,也为每个人改变这种环境,我们就必须探讨以各种形式否认悲伤的做法的高昂代价。

从个人层面来说,压抑痛苦和困难会导致不稳定的情绪状态。我们必须使用药物并且控制真实的悲伤和痛苦,从而维持"幸福假象"。我们无法对自己撒谎。不被承认和表达的痛苦并不会就此消失,它会试图以任何可能的方式引起个体紊乱,通常表现为恋物癖、焦虑、抑郁和社交孤立。被压抑的痛苦会加剧痛苦的循环,将受害者禁锢在创伤之中,或使受害者将创伤投射到其他人身上。

我们失去了容忍痛苦、困境和恐惧的能力,这令我们在面对全球性的悲剧事件时情感麻痹。世界上的悲痛者数量惊人，我们却拼命视而不见。独善其身的观念已深入骨髓，促使我们远离环境破坏、人类的苦难、虐童、性交易、全球战争和各种类型的仇恨犯罪。当我们目睹了人们的遭遇后，我们会勃然大怒，而不是陷入悲伤。社会活动家、作家乔安娜·梅西（Joanna Macy）谈到了大多数人心底的痛苦，这些痛苦不受欢迎，也尚未被意识到。我们似乎害怕彻底释放出悲伤情绪会令我们失语、软弱、无力前行，这种不被承认的痛苦导致了倦怠、隔阂，使我们对持有不同观点的人缺乏共情。

我们文化中对人类哀恸和痛苦的回避和诋毁造成了许多问题，不夸张地说，压抑悲伤已经成了人类的流行病。

我们讨论了在宏大视角下文化对悲伤的排斥，并分析了这种文化观念对个人悲伤的影响，更重要的是，我们意识到在现实生活中，这已经成了一个普遍性问题。对痛苦的禁言令随处可见。要颠覆我们"反对痛苦"的文化，每个人都应当发挥作用。

> 真正的战士是那些我们能和他们并肩而坐、相拥哭泣的人。
>
> ——艾德丽安·里奇（Adrienne Rich），
> 《起源》(*Sources*)

情感依存才是生存之道

我们必须承认和理解痛苦，给它一定的空间，将其放在台面上探讨，否则任何工作都无法开展——无论是个人生存，还是更广泛的全球性活动，例如维持世界和平，以及为所有生物提供美好的生存环境。我们必须有能力说出真实的情况，毫无顾忌地流露出脆弱、崩溃的情绪，或是做出有违文化传统的行为。我们要像谈论快乐一样正常地谈论痛苦。

没必要急于拯救任何人。

艰难的、痛苦的、糟糕的事情总是会发生。这就是这个世界的生存法则。不是任何事都会有结果，也不是一切都事出有因。真正能够引领我们前进的，不是否认痛苦，而是承认无可挽回的痛苦确实存在。我们要营造能真言真实痛苦的文化氛围。我们要在痛苦中携手并肩，对彼此敞开心扉，明白下一次痛苦的人可能就是自己。

当我们恐惧丧恸时，我们会牢牢抓住一个标准，区分对与错、好与坏，以维护我们与所爱之人的联系。我们以为将痛苦和灾难隔离在外会帮助我们生存下去。

我们对痛苦和磨难根深蒂固的回避态度（拒绝承认痛苦和磨难），使我们无法获得内心深处最渴望的安全感。这种安全感的表现形式是关爱、联系和亲缘关系。为了不失去安全感，我们展开了自我防御，但这种做法恰恰使我们越来越没有安全感。

在一个我们必须靠撒谎来掩盖真实情感或假装自己能够

掌控一切的世界里，是没有真正的生存可言的。这样的世界只会让我们更加绝望和焦虑，更加偏执地试图解决一切问题。

要在这个世界上获得安全感，最有效的方法就是停止否认困难和不可能事件的发生。说出真相能够让我们相互连接起来，让我们完全融入他人的经历，并与他人产生共情。

真正的安全感是走进彼此的痛苦，并在其中发现我们自身。正如我的一位非常年长的老师说过的，对对方有同情心说明彼此关系亲密。这是人与人之间的情感联系的证据。我们为彼此感到难过，这表明我们互相关联。我们的大脑边缘系统、心脏、身体皆为此而生。我们渴望与他人建立情感联结。

你在他人的悲伤中看到自己表露悲伤和丧恸的潜力了吗？对对方有同情心表明人与人之间的关系亲密。

当情绪涌来时，沉痛的感觉会弥漫全身。虽然它让人痛苦（这一点毫无疑问），但这恰好表明我们彼此连接、彼此关切。当我们意识到痛苦和悲伤是对丧恸的正常反应时，我们就能够优雅地、有技巧地回应悲痛者，而不是指责和回避。无论发生了什么，我们都能够以关爱之心回应对方。

寻找安全感意味着团结一心，用开放的心态和强烈的求知欲去感知我们所经历的一切：爱、快乐、恐惧、丧恸和心碎。当我们能够用爱来回答所有问题时，我们就获得了真正的安全感，这样的安全感是外界的力量无法夺走的。虽然它并不能使我们远离丧恸，但它能够让我们在无可挽回的悲痛中感受到支持和守护。

　　成长和成熟的真正界限在于能否同对方一起伤心——陪伴对方,而非教训对方。接纳悲伤(被他人看到、倾听并见证自己生活的真相)才是唯一能够治疗悲伤的特效药。

第 5 章

悲伤的新模式

深入探讨了回避悲伤的文化根源之后,我们如何找到问题的解决方法?我们如何兼顾单一个体和文化群体成员的角色,去面对痛苦永存(无法被修复)的真实世界?我们如何才能明白解决悲伤最好的方法是接纳悲伤,而不是企图消灭悲伤?

眼下暂时忽略文化的宏大问题,转向你自身,走进你的痛苦,你应该如何应对悲伤?如果大家都不去谈论承受巨大的痛苦的生活是什么样的,你准备怎样生活下去?

我们必须找到一种新的模式,一个更好的榜样故事。

现在的人们认为,面对悲伤只有两种选择:①你陷入痛苦,无法自拔,余生裹着麻布单在心灵地下室的一角苟延残喘;②你战胜悲伤,破茧成蝶,比原来活得更好。

只有两种选择——好和坏,要么永远崩溃,要么彻底痊愈。生命中再没有其他事情像这样非黑即白,但人们似乎并没有意识到这个问题。不知为何，当问题涉及悲伤时，人类全部的生命经验似乎都失效了。

虽然在这两个极端之间有一个中间地带（人生中的每件事都是如此），但是我们不知道该如何谈及它。两极化的文化范式无所不在，我们不知道跳出这种范式，我们应该如何讨论悲伤。

选择的余地是如此狭小，我无法在这样的空间里做出选择，但这不是真实的情况。破茧成蝶的模式对我无效。我无法给所有事安排一个大团圆结局。我无法给所有不幸的事情打上一个漂亮的蝴蝶结，然后说："一切都会好起来，你也会比从前更好。"因为我根本不相信，而且这并非事实。

我无法随口说出："对不起，这件事永远会这么糟糕下去，日子一天天过去，而你并不会感觉有任何不同。"我无法把任何人丢在那个地下室的角落里，任由他们情绪崩溃。这不是恰当的做法。

我要提出的是第三条路径（一条中间路线），不是放任悲伤不管，也不是努力战胜悲伤，而是以旁观者的姿态去观照悲伤和痛苦：既不回避悲伤，也不急于自我救赎，而是站在那里，站在那个被悲伤摧毁的宇宙中。你要用某种方式在那里打造一个家。借由这种方式，你可以自行选择怎样生活，不会顾此失彼：你可以选择将失去的挚爱留在身后，继续平静地生活，或者保持着与他们的联系，继续沉浸在伤痛之中。

寻找这个中间地带是悲伤援助真正要做的事。我们每个人都必须找到进入这个中间地带的路。在这个地带上，我们既不需要否认悲伤，也不会永远被禁于此。在这里，我们会尊重所有悲伤以及所有的爱。

> 随着我们逐渐成熟，我们的唯一选择是如何生活在脆弱中，如何通过消逝的亲密关系，变得更强大、更勇敢、更有同理心。我们要么选择与接纳脆弱，坚定地面对丧恸，要么选择做个抱怨者，犹豫不决、畏首畏尾，始终徘徊在大门之外，没有勇气迈入脆弱的世界，不愿冒任何风险推开那扇大门。
>
> ——大卫·怀特（David Whyte），
> 《安慰》（*Consolations*）

征服与传说

关于悲伤的早期表现和处理方式的著作并不多，这个阶段的悲痛者还处在强烈的冲击之下，对此人们没有非常有效的安抚手段。我们是如此恐惧强烈的悲伤以及随之而来的无助感，很少有针对这一问题的资料。关注悲伤后期会使事情容易得多，在事件过去几个月甚至几年后，"重建你的生活"这句话就变得不那么难以启齿了。悲伤的早期阶段是我们最需要技巧、同情和与他人保持联系的时候。在这个阶段，对悲痛者来说，如果我们能从文化观念和个人层面上改变对待悲伤的方式，此时我们提供的帮助是最有力量的，而且这种帮助会持续产生积极影响。

悲伤和爱情一样,都不需要"解决"。我们无法战胜死亡、丧恸和悲伤。它们是我们生命中无法移除的组成部分。如果我们继续把它们当作亟待解决的问题,那么就无法从最深刻的痛苦中获得慰藉。

在探讨丧恸的含混性和西方人对悲伤闭口不谈的思想基础时,心理学家保利娜·博斯(Pauline Boss)提出了西方文化中的"征服倾向":我们的文化热衷于解决问题。[1]这种征服倾向引领我们发现疾病的治疗方法,创造崭新的科学技术,从总体上提升人们的生活水平。这种倾向的问题在于,它让我们把所有事情都看作需要解决的问题,或是必须战胜的挑战。然而,生与死、悲伤和爱情都无法融入这种具有征服倾向的文化。

正是这种修复、治愈甚至回归正常的想法搅乱了一切。它阻止了沟通,阻止了成长,阻止了联系和亲密。实际上,如果我们转变态度,不再把悲痛看作一个需要解决的问题,而是把它看作一个需要尊重的秘密,那人们就不会误解安慰和鼓励性的言语。

我们不能把悲伤视为需要解决的问题,而是应该从内心出发,去面对悲伤。我们需要真实地表现出自己的悲伤。我们需要在令人崩溃的丧恸经历中找到分享情感的方法,在自身的生活和更广大的世界中找到分享经验的方法。将痛苦经历抛到一边永远无法帮助任何人获得他们最需要的情感支持——被倾听、被陪伴,使他们敢于呈现自己真实的面貌和处境。

我们需要的不是征服悲伤，而是将悲伤视作一个事件，带着尊重，去关爱悲伤的人：一切都是爱的组成部分，那些难以承受的悲痛经历更是如此。

将悲伤和关爱视作一个事件，与把悲伤视作需要解决的问题，是截然不同的两种应对方式。带着尊重接近你破碎的心，向你的真实处境致敬，这种做法为你创造了一个回归自我的空间，你无须整理情绪，也不必急于度过悲痛的阶段。你内心深处的某个部分可以放松下来。如此一来，那些无法承受的悲痛就变得不那么难挨了。

我们只有正视悲伤，才能找到这个中间地带。当我们允许真实的悲伤存在时，我们就能够将注意力集中到如何帮助自己和他人在痛苦中生存下来。

一个更好的世界

我们要建立的是一种应对悲伤的新范式，它的目的不是消除痛苦，而是要找到更好的新方法，让悲痛者和悲伤共存。这种新范式的意义在于挖掘出更加深刻的爱，让我们能够正视和证实彼此的痛苦，而不是急于收拾烂摊子。它让我们与悲痛者肩并肩站在一起，给他们力量与陪伴。

改变我们对待痛苦的方式会让我们进入一个新世界，这个新世界以同情和感恩为基础，个体既独立，又和他人有联结。我们只有停止抗拒痛苦，才能从禁锢中挣脱出来，真正做出改变，去适应一个能够缓解痛苦、用爱疗伤的世界。

　　这种应对悲伤的新范式能够让我们对自己和他人都更富有同情心，让我们走近对方，唤醒我们内心深处那个最好的自己。

　　我可以用诗意的语言来描绘这种新的范式，但事实是，当我们直面所有让人心碎的不幸时，谁都说不准，我们可能会创造出一个怎样的世界。一旦我们失去挚爱，我们会发生怎样的改变？

　　虽然我们永远无法改变真实存在的痛苦，但是我们能通过倾诉自己的真实感受缓解痛苦。我们要抛却虚假的安全感，这样我们才能面对自己和他人，不再逃避。我们能够打造一片新天地，在那里你可以大声说出"我很痛苦"，无须任何辩驳，也不必担心任何评价。我们要停止对人的区分，像家人一样保护和支持彼此。

　　虽然这个世界的悲伤不会减少，但是这个世界会拥有更多美好。

> 自我同情指个体以宽广的胸怀悦纳自我，感知自己的内在体验。通常我们倾向于克服困难、修复损伤、摆脱痛苦，同情的心态则完全不同，它接纳一切。
>
> ——罗伯特·冈萨雷斯（Robert Gonzales），
> 《对生命同情的思考》(*Reflections on Living Compassion*)

个体的就是世界的，世界的也是个体的

悲伤被谈论得越多，就会越容易被接受。只要人们更多地谈论生存、爱和失去的痛苦，人们的生活就会变得更好，那些将悲伤视作麻烦的人也不例外。

当亲友的安慰、文化和书中的观念能帮助悲痛者面对现实时，它们是有用的、充满爱意的。当它们只是将悲痛视作需要解决的问题时，它们是无用的。

当我们在噩梦中仍能敞开心扉，身处逆境仍不失对爱的向往时，我们走进悲痛自我的方式就是有效的、充满爱和善意的。

如果我们要在悲痛中生存下去，要携手穿越这片泥淖，彻底熬过这个阶段，我们就必须学习更加自在地与痛苦相处。我们必须接纳痛苦，而不是执着于寻找痛苦的根源。我们必须停止用隔离他人的做法来抵抗悲痛。我们必须将生命脆弱的、转瞬即逝的、美好的内涵视作我们真实生活的一部分，而不是只将其当作发生在别人身上的故事。

我们必须在尊重自己的真实经历的前提下，找到向他人表露悲伤的方式。不要为了让周围人感到安心压抑自己的痛苦。

我们能够做出改变，并且这些改变对于悲痛者有实在的意义。这种改变让我们彼此关爱，让我们能接受"我们所爱的事物终将消亡"这个事实。这种改变让我们意识到，对他人的痛苦感同身受并不是厄运，而是人与人紧密相连的标

志。虽然这种关爱彼此的方式有其骇人的一面,但这是我们走向互助互爱的必经之路。无论是个体,还是扩展到全球,都呼唤我们以这种方式关爱彼此。当悲痛者使用新范式来应对悲伤,开辟中间地带时,这种关爱彼此的方式就会成为可能。这是唯一的前进之路。

回到你自身

现在,我们创造了一个全新的悲伤应对范式。我明白你并不想参与这场范式革命。我能理解,你宁愿放弃一切,只求回到你原来的生活。虽然这不是一场公平的交易,但是我们需要你。我们需要悲痛中的你争取一种权利,被丧恸所改变的你能够有尊严地获得他人支持的权利。找到自己的中间地带不仅能帮助你,还能帮助所有在你之后迈入悲伤世界的人。

讨论悲痛文化非常重要。这种讨论会帮助你在患了情绪失语症的文化大环境中找到自己的位置。这种讨论会帮助你意识到你没有发疯,你没有错,你也没有崩溃。错的是这种拒绝情绪表达的文化。你很好。即便你身处痛苦之中,这一事实也不会改变。

即便外界认为你的痛苦是一种困扰,你也要坚持出现在社交场合,坚持向他人寻求支持,这反映出你有很强的韧性和自爱精神。悲伤并不意味着你不够成熟或有生理疾病,它恰恰证明了爱是你生命的一部分,即使痛苦,你也渴望把爱延续下去。

你遭遇痛苦，落到这个境地，确实很糟糕。

应对早期悲伤的方法并不多，但确实有一些方法。这些方法让你带着善意对待自己，在已经了解自己的基础上，帮助你生存下去。

我希望这本书中的方法能够帮助你找到自己的第三条路径，发现属于自己的中间地带，既不陷入绝望境地，也不被迫假装开朗，放弃真实的内心想法。

本书的目的不在于消除你的痛苦。通过剖析真实的悲伤，我希望你能重新审视自身。我希望在阅读本书时，你能感到有人在倾听你的痛苦。

社会活动家、作家乔安娜·梅西指出，我们没有理由背弃自己的痛苦。在下一部分中，我们会把目光从广义的文化转回到个体的悲痛上。希望这些文字能帮助你坚守本心，在荒野中探索出一条自己的道路。

2

第二部分

如何安放你的悲伤

正确的时机：开始之前请注意

马特去世后的那段时间，我阅读了许多有关悲伤和丧恸的书，但其中的大部分我都很不喜欢。拿起一本崭新的书，我会先翻到书的背面，看一看伴侣死亡后，作者有没有再婚。如果他们再婚了，我就不会再读这本书，因为他们显然无法理解我的心情。每当我翻开一本有关丧恸的书，我总是兴致勃勃地阅读前几个章节，一旦接下来的章节开始探讨如何重建生活，还有作者可能因为丧恸而完成的一系列伟大的事情，我就厌烦地把书丢在一边。

问题并不总是在于这些书本身，它们中不乏好书。问题在于这些书中的大部分都是写给处于悲伤后期阶段的人看的——那时世界不再剧烈倾斜，一切都尘埃落定，悲伤的直接打击力度也没有那么大。那是讨论重建生活的绝佳时机。然而，在你的生活刚刚成为一片废墟的时候，了解如何建立辉煌灿烂的未来还不是时候。

关于正确的时机，有一点非常重要，即指导你与悲伤共存的理念必须符合你当下的生活。如果某些看法（包括本书中的内容）让你感觉受到冒犯，那么这些东西很可能并不适用于你的现状，在方法和个体的适配程度上是存在时间差的。刚陷入悲伤与在悲伤中煎熬几个星期、几个月甚至几年完全不同。如果你要寻找能帮助你活下去的事物，你就要先弄清楚什么是你最需要的，再去搜索相关资源。

我写作本书既不是为了修复你的悲伤，也不是为了描绘未来的蓝图，而是为了帮助你活下来，活在当下。希望本书能对你有所助益。

第 6 章

活在真实的丧恸中

对于开始谈论真实的悲伤，我只知道一个方法：从打破湮没一切的寂静开始。在悲伤的早期阶段，一切事物都沉寂下来，世界仿佛静止了。丧恸使我们失去了表达的能力。无论多么小心地措辞，我也无法触及你的内心。语言掩盖了这片死寂，而它的掩饰是拙劣的。

语言是我们唯一能够接近你的悲伤的途径。请你注意，任何语言都无法使你的现状产生任何实质性的改变。

承认痛苦是为数不多的对你有效的方法之一。你所经历的一切都不可挽回，无法缓解，也没有解决方案。这意味着我们应对悲伤的做法非常简单：帮助你重新定义"正常"的标准，为心如死灰的你找到精神支柱。本章要探讨的是帮助你度过剧烈悲痛阶段的方法。

为这个疯狂的阶段命名是很有用的做法，它会使你了解在一切看似都不正常的时期，什么才是正常的。

在本章中，我们会用较短的篇幅谈论悲伤中常见的问题、焦点和挑战。这些问题错综复杂，彼此交织在一起，有太多东西需要我们来平衡——让人感觉无处不在。我所提及的方法囊括了一般的应对之策，如果有些问题无解，那么承认现状永远是最好的方法。

悲伤带给我们的挑战以及有关"正常"标准的问题有很多，我无法面面俱到。如果你有需要解答的问题，请和我保持联系。

> 你可能会问：为什么人们要保存骨灰？他们就不能放下吗？是的，亲爱的，他们不能放下。最终，我会带着那具我爱的身体走进森林，走向河边。我有那么多方法让我挚爱之人的身躯重归自然。但是现在，你被安全地封存在一个塑料瓮中，被套上塑料袋放进一个纸盒子里，盒子被胶带封上口，封口处的贴纸上写着你的名字。拿出骨灰意味着和你重逢，见到我曾深爱过的身体永远地归于尘土。此时此刻，我无法释怀、无法放手，无论如何都不能接受你离我而去，我们共同规划的生活结束了，我无法接受这个现实。我努力去正视这个事实（这个我尽力拒绝承认的事实），却感到五脏俱焚，世界崩塌，无法呼吸。我唯一知道的是我做不到，我无法直面这样的痛苦。身体内的一切都在爆

炸，我无法承受这种痛楚，它太强大、太剧烈。我被彻底击垮了——打包、搬家，你停在我车道上的卡车，两天以后就要被卖掉；我房间里的床被拆成木板，等待重组；人们吵闹着索要与你有关的纪念品；我们共同拥有的东西分散在每个房间。你走了，我无力接受这个事实。似乎前一刻，你还在这里，一如往常。然后，你就消失了。

摘自我的早期日记"

无论如何你必须要做……

在某个人死后，你要做的事情多得难以置信。不知不觉地，事情一一完成了。你坐下来，身边是孩子、伴侣、父母，他们说着一些你绝不会说出口的话。你给每个电话簿上的人打电话，一遍遍讲述事情的经过。你和记者、医生还有搜查队谈话，用最适宜的价格购置火化和葬礼要用的物品。你打电话给房东，安排追悼会，找人照顾狗。或许你写好了悼词，或许你只是默默地祷告。

把全世界的纸都用尽，也写不完死亡带来的所有影响。请注意，承认悲痛是唯一有效的方法，怀着爱意去做你要做的每一件事吧！

如果他人力所能及的帮助能减轻你的痛苦，就接受他人的帮助。对有些人来说，帮助悲痛中的幸存者是他们能为死者所做的最后一件有实质意义的、饱含爱意的事情。没有唯一正确的答案。有可能的话，把你难以招架的事情委托给他人，但那些对你来说十分重要的事（例如和他人建立情感联结），请自己去做。

> 一切都结束了。
>
> 可能是我妈妈接的电话。她听到消息一定会尖叫，我爸爸一定会从另一个房间跑过来，他一定会看到她痛哭失声，接着她不得不告诉他发生了什么，她说话语无伦次。他们都很痛苦，因为这件事太令人心碎，但是不管怎样，他们都会问打电话的人我在哪里。他们想要来保护我！更让他们饱受折磨的是，他们对此无能为力。尽管如此，他们还是会让我接电话，告诉我他们很爱我。他们会坐车来到我身边，他们会来的、会来的……他们会把事情告诉我兄弟，三个小时以后，他们都会来到我身边。
>
> 那天晚上，在那家医院，当我终于能够开口讲话时，我颤抖着打开手机，开始告诉大家她的死讯，这个过程无比漫长。她是那么受欢迎，有多彩的朋友圈和广阔的人脉网，我要打的电话有那么多，每一通电话都会在我的内心掀起一阵新

的滔天巨浪。

埃里克·W（Eric W），

37岁成为鳏夫，

写于他的未婚妻丽萨因事故丧生后 "

讲出你的故事

你可能会发现，你会一遍遍地对别人讲述痛失挚爱的故事，甚至是对萍水相逢的陌生人，或者是你刚刚认识的人。换句话说，你在不断回忆那些导致不幸发生的事件。

这都是正常的。人类就是喜欢讲故事的生物，这就是为什么我们的文化会有那么多神话故事、创世传说和电影。你反复讲述这些故事，像是要寻找一个不同的结果。这是一个循环。某种程度上，结果可能已经改变，或仍有可能改变，又也许我们漏掉了什么。如果我们只想让事情"正确"，这一切都不会发生。好像只要我们把故事讲对，所有的不幸就都不会发生了。

合不合逻辑并不重要，逻辑毫无意义。

讲述自己的不幸是必要的，也是折磨人的。在本章中，我们会着重探讨有关悲伤和焦虑的话题。反复讲述故事是创意思维试图重建内心世界秩序的一种方式。我们之所以会一遍遍地讲述故事，是因为我们试图以某种方式让这件事听上去合乎情理，即使这个故事永远都讲不通。

如果你无法向另一个人讲述你的故事，那么你可以用其他方式：记日记、绘画，把你的悲伤写成一部黑暗色彩的纪实小说，或者走进树林向树木倾诉。能够不受任何人干扰地讲出自己的故事能有力缓解你的悲伤。树木不会问你"你真的没事吗"，风也不会在乎你是否哭泣。

不起眼的地雷阵

多少次大家鼓励你把注意力转移一会儿，或者避免提到你失去的人的名字，唯恐唤起你的伤心事。就好像你可以忘记伤心事，哪怕只有片刻。

我们都需要一点缓冲时间。你不能每分每秒都盯着痛苦不放，你的身体无法承受。吊诡的事情是，尤其是在悲伤的早期阶段，痛苦无处不在。一切都能和你的丧恸产生联系。你想从痛苦中抽身片刻却往往事与愿违，导致更惨痛的后果。

去看电影成了最残忍的事情。虽然你看的不是悲剧电影，但你会发现主角是个寡妇，或者看了一半后发现，你再也无法和已逝的姐妹分享有关这部电影的笑话了，你过世的孩子再也看不到这部片子了。

每天事情都压得你喘不过气：你不得不在填表的时候选择"丧偶"，或是被别人询问"你有几个孩子"时，你不得不提到已逝的孩子。当你在填"紧急联系人"的时候，你会意识到自己再也不能填写那个多年来担任这个角色的人了。你逼着自己去聚会，想着自己要多出门，结果发现每个话题最后都指向一个词：死亡。

你的日常生活满是伤心事，而不经历悲伤的人根本不会在意这些事。当你挚爱的人死亡时，你不仅失去了他们，也失去了原本应该和他们一起经历的未来。他们从你的人生剧本中彻底消失了。看到别人结婚、生子、旅行，你意识到，所有你期待和爱人一起做的事都不可能了。看着别的孩子上幼儿园、毕业或结婚，你会想，如果你的孩子还活着，他也会经历这一切。你的孩子再也没有机会认识出色的叔叔，你的朋友无法读到你完成的著作。无论死者和你是什么关系，看到他人依然拥有同样的关系是残忍的、不公平的，也是难以承受的。

在悲伤的早期阶段，想要走出自我重返外界需要尤其巨大的努力。那些埋伏在你生活中的悲痛令人难以面对。人际互动常常使人心力交瘁。很多人选择缩小交际圈，拒绝所有人和事。即使是非常开朗外向的人，在这个阶段也会发现，与以往相比，他们更需要大量时间安静地独处。

你要明白，如果你感到外界的反应太刻薄或者入侵性太强，并不是你太敏感。这个世界充满了与你的悲伤有关系的事物。如果有什么事能带给你哪怕片刻的轻松，那么不要犹豫，立刻去做吧！虽然想要从悲伤中获得片刻喘息几乎是不可能的，但是这偶尔的片刻喘息是必要的。按照自己的心意躲在毯子里一整天或更久是正常的。

杂货店里的悲伤

去杂货店这件事经常会给我们带来很大压力,因此我必须单独把它拿出来讨论。在悲伤的早期阶段,去一趟杂货店比你想象中的困难得多——你可能会遇到各种人,他们会关切地问你:"你真的没事吗?"

无论你有多么不想回答,那些出于好意却带有侵略性的问题随时都会影响你的情绪状态。

有趣的是,每次我谈起"去杂货店购物是一件难事"时,几乎每个人都有自己的故事要分享:为了避开可能认识的人,有些人只能晚上10点钟以后去杂货店;有些人会驱车一个小时,只为了能到没人认识自己的地方购物。

还有一个局外人从来不会想到的问题:你经历的不幸事件如何变成了一个供大家公开讨论的话题的?尤其是不合常理或者不同寻常的事件。只要你在公共场合出现,人们就感到他们必须接近你,询问你的状态。他们是不是你的朋友并不重要。事实上,在排队结账的时候,关系越疏远的人越爱探听你的消息。

我之所以再也不去某家商店,是因为一个朋友的朋友在那里工作。如果她看到我,就会开始漫长的、事无巨细的问询,包括我的情绪健康,我对未来的计划,以及那天我丈夫在河边丧生时的具体细节。我虽然意识到自己应该制止她,但是那时的我并不具备能制止她的能量、技巧。到其他地方购物反而是更容易的选择。

毫无疑问，悲伤使人筋疲力尽。痛苦不只来自丧恸本身，还来自那些要避开、忍受和计划的大大小小的事情。旁观者很难注意到这些问题，只有那些正在经历悲伤的人才会如此。我们都有疲惫不堪，想要逃避人群的经历，也有保持沉默的需求。

躲避人群是完全正常的。开车一个小时只为能安静地购物，这是正常乃至健康的行为。你完全可以与人保持距离。你有权利在合适的时间和地点讲述你的故事，用一张巨大的、看不见的网把自己保护起来，不去和他人交谈也能行走于世。

对于任何能使你获得这份安全感的事，不要犹豫，立刻去做。

关于杂货店还有一件事必须要提："因为挚爱之人的离开，很多东西再也不必买了"，这个发现会让很多人崩溃——他们最喜欢的饼干和最爱喝的早茶，都不必买了。对于这种购物引发的悲伤情绪，除了送货到家（这项服务太棒了），确实没有其他解决方法。有一条规则适用于这种情况：放慢脚步，允许自己在必要时离开商店（无论你的推车有多满），到家后给自己一点时间消化这些不快。正常的生活任务经常会将你推向极端处境。

到了做……的时候

因为总有太多人主动向你提供处理悲痛的建议和观点，

所以你很容易忽视自己真正的需要。很多人写信给我，问什么时候才是摘掉结婚戒指，把孩子的房间装修成客房，收拾姐妹的衣橱的正确时机。

答案很简单：没有正确的时机。

不要等成熟的时机，因为那根本不存在。这不是你能选择的事情。你不能等到时机成熟才做决定。

做决定时我喜欢这样的原则：如果摘掉婚戒让你觉得恶心不适，那这就不是摘掉婚戒的时机；如果把孩子房间里的东西搬走的想法让你感到恐慌，那就不要搬；如果有人告诉你该把姐妹的衣服捐出去，你听了大发脾气，那就不要动她的衣橱。

在做好准备之前，你不需要做出任何改变。虽然你有时候需要遵守很多奇怪的家规，但是在大多数情况下，你自己说了算。一些重要的生活决定（比如何时去约会、卖掉房子、换工作）都完全取决于你。没有正确的时机，永远没有太早或太晚的时候。

顺着这条思路，把去世之人的遗物原封不动地留存下来是完全正常的做法。这些都是重要的证据，证明他们曾经生活在这里，是你生活的一部分。原本的生活消失后，这些遗物就成了你的整个世界。

马特去世一年后，我朋友的丈夫也溺水身亡。她告诉我，她一直保存着丈夫生前做的一罐辣酱。她无法忍受冰箱里没有辣酱，即使她再也不会打开装辣酱的罐子。我一直保存着马特和我在他出事前两天买的冰激凌盒子，直到四年后我搬家才扔掉它。

直到一年前,我才把床上我们最后一次一起用的床单换掉。

当你需要做某件事的时候,一切都会水到渠成。早一刻都不成。如果做这件事让你感到身体不适,那说明现在还不是正确的时机。那些你感觉必须要做的事情也是如此。

纪念日和忌日

在他忌日这一天我们要做什么?我应该庆祝我们的结婚纪念日、他的生日,甚至是他的忌日吗?死后的他还需要过生日吗?

虽然我母亲和我婆婆都希望我能积极参与她们为马特举办的纪念活动,但那时的我无法做到这一点。每当她们开始讨论种什么样的树或花,并要求我与她们一起做选择、出席活动时,我总会用下面的话反击:"我不想要一棵蠢树,我只想要他回来!""我不在乎你们要种什么花,那是你们种的,不是他。"还有几次,几个远房亲戚坚持在追悼会上加入迷信仪式,我想,如果马特知道,他一定会大发脾气,这种时候,我必须咬紧牙关,用成年人的话语做出回应。

最终,没有人是赢家:无论亲人种了什么植物,无论谁来参加了他的追悼会,我的爱人都无法起死回生。

向爱人表达敬意,不会只有一种正确的方法。每种关系都会留下独特的印记,每种印记都是只属于你的。用来铭记一个生命的方式正确与否,是你的问题,与他人无关。

在马特一周年忌日的时候,我听到最好的一句话是:"即使你把一切都计划好了,你仍然有权离开。别人不能理解你的生活。当你有需要的时候,转身离开吧。"得到离开的允许,我就更容易留下了。

无论做了什么计划,你随时都可以改变主意。你也可以完全不做任何计划,直到那一天来临,再顺应自己的内心做出决定。等待纪念日来临的日子往往比纪念日当天更加煎熬。在等待期间,也许你想做点什么,也许你什么都不想做。

你可以询问其他家庭成员或朋友,问他们打算怎样安排那一天。要鼓励自己多与人沟通,同时保留拒绝和反对的空间。这是一种较为得体的方式,你既维护了自我,也能知道你身边的人对这些纪念日的感受。每个人对于纪念日都有不同的想法。

可能会有其他人加入你的计划,请记住,他们有他们的表达方式。每个人表达悲伤的方式都不同,每个人都有自己的方式来怀念逝去的人。用你最大的能力,在满足自身需求的同时,给予他人应有的尊重。

请记住,没有人能百分之百的快乐。事实上,追悼会和纪念活动通常会使人们情绪爆发,旧事重提。无论你选择做什么或不做什么,都要尽力保持自己的节奏。请随时自我检查"在特定时刻你可能需要的东西"。即使你完美地执行了计划,要做到以上几点也并不容易。

孩子与悲痛

作为家长，你还面临一个问题，即在悲痛时你要考虑的不只是自己，还有你的孩子。无论你的孩子多大年纪，都会受到悲伤情绪的影响，他可能是为直系亲属的死亡而悲痛，也可能是被你的悲伤情绪影响了。

我的继子在他父亲去世的第二天刚刚满18岁。虽然他在年龄上成年了，但在许多方面仍然是个孩子。然而，外界从他年满18岁的那一天起已经把他视作成人了，并且要求他做出根本不该由孩子做出的决定。他一向是一个不愿表达内心感受的人，在走出悲痛这件事上也是这样。在随后的几周到几个月里，我们绕着圈子谈论发生的一切。我们谈到了悲痛者的内在世界，以及不同人处理悲痛的方法。他对隐私的坚持，还有他本身的少年心性，都意味着他不会过多谈论他的父亲。他对自己谈得就更少了。

我的继子已经成年，在马特去世之后，他自己开始了新生活。相较于许多引导子女度过丧失之痛的父母，我并没有痛心地目睹一个幼儿在缺失甚至没有至亲陪伴的情况下长大。我不担心其他孩子在学校会怎样对待我的继子，或者老师会如何处理他的丧恸，我担心的是，缺少了父亲的指导，他的生活会变成什么样，即便我知道在过去的18年中，父亲的陪伴和影响已经渗入他的生活。对于继子，我只希望父爱能一如既往地影响他、支持他、帮助他。

有人问我，在我看来，对于父亲的死亡，我的继子是已经消化、接受了这件事,还是仍然受其影响。这怎么可能不再影响他呢?他的父亲仍然没有起死回生啊!

我们总是在寻找证据,证明孩子没事。有太多的情绪处理方式被用于这个目的。这种程度的丧恸会在孩子的内心生长、变化,它会随时间的推移而发生改变,还可能会改变孩子将来对待亲人离世的态度和处理方式。

我认为我们每个人能做的,就是用一种与年龄相符的方式,对痛苦、死亡、悲伤和爱保持开放的心态。我们要让孩子知道,他可以问我们任何事情。我们要让他以某种方式看到我们的痛苦,我们要告诉孩子"这件事是令人痛苦的,感受到痛苦是正常的"。在发现孩子可能不愿意或者不能表达自己的感受时,我们要及时询问孩子。

有时我们要用一生的时间才能说清我们失去的到底是什么,才能看清家庭成员的死亡是如何塑造和改变我们的。我希望对我的孩子,还有你们的孩子来说,我们的爱永远陪伴着他们,他们已逝亲人的爱也陪伴着他们。他们能够学着接纳自己的痛苦,敞开心扉,倾听自己内心的声音,哪怕他们一个字都不告诉我们。

我的家中没有幼儿,我也不是研究丧恸对儿童影响的专家,我所知道的能够为陷入悲痛的儿童和家庭提供帮助的最好机构是俄勒冈州的道奇咨询中心(Dougy Center)。这家国际机构能够帮助你找到正确的方向,带领你的家人度过丧恸时期。

谈 谈 家 庭

有时候,在死亡或者灾难性事件发生后,家人会同心协力共克难关。然而,这只是特例,并非常规反应。没有什么事件能够像死亡一样使一个家庭陷入疯狂。

对于如何处理遗体(特别是在死者没有留下遗嘱等法律文件的情况下),是否要留一个永久的纪念物,周年活动该怎么办等问题,在最佳情况下,大家应该本着理解和同理心,有技巧地进行协商,然而,最佳情况永远都不存在。

死亡就像一把扔进机器里的钳子,搅乱了家庭这个机器的状况。家族成员爆发激烈的争执,人们提出不同的观点和需求都在争抢一席之地,每个人都需要被关注和倾听。旧事被重提,远亲放下工作赶来了,你以为会支持你的人不支持你,人们在沉默中各自疗伤。

死亡摧毁了每个人。

通过我的亲身经历以及我听说的故事,我发现一个人在经历死亡事件之前怎样为人处世,在经历死亡事件之后依然如此。那些倾向于平静和理性的人依然保持着平静和理性。那些试图吸纳不同观点,在同理心和耐心的基础上展开探讨的人在事件发生后也会继续这样。那些爱争吵、指责别人并且处事毫无章法的人,也依然如故。

在这样的情况下,家庭矛盾的爆发有太多不同的形式,我无法一一谈论。相比于针对每种状况都思考出一种解决办法,可能更有效率的方式是以不变应万变。对于你所面临的人际挑战，我通常的建议是，在回顾以往的经历的同时，以一种良好的、积极的方式与他人协商、共情和自我表达。在这样的压力下，你唯一能控制的就是你的行为方式。

■ ■ ■

如果你因为纪念日当天的活动和流程与人发生争执，那么请尽量真诚地理解彼此。在这种情况下，没有人是赢家。无论谁赢得了追悼会的主办权或遗物的所有权，都无法改变你痛失所爱的事实。

这时你应该先问问自己，哪些事对你来说是重要的，然后你再对此投入精力。没有必要每次都激烈地较量，或是对每个挑战都予以回应，这对你来说并不好。有时忽略不当的行为和过分的要求才是明智之举。尽你所能与他人保持健康的距离，表达你的需要，在可能的情况下远离争端。如果某件事对你来说非常重要，那么一定要据理力争。请记住，无论结果如何，你与逝者之间的爱和联系都不会被任何人夺走。

悲痛是否会终结友谊

一般情况下，在处理严重的家庭问题时，我会鼓励你向理智的、可靠的朋友寻求帮助，了解一下在现实中，积极的人是如何处理这些问题的。这么做的前提是：你的生活中有几个善良美好的人。

在你最需要爱与支持的时候，有些朋友要么举止可憎，要么彻底消失，只留给你失望和争执。对于陷入悲痛的你来说，这种情况是多么残忍！旧账又被翻了出来。一个小小的裂痕就可能成为无法逾越的鸿沟。人们会说出最无理、可笑的话。

悲痛会改变你和朋友之间的关系。它破坏了很多人的友谊。在本书的第三部分中，我们会着重探讨这个话题，现在，出于严谨的态度，我必须谈谈这会给你造成多大的痛苦。你身边的人也有痛苦，他们的痛苦往往是看不到的，你的悲痛与他们的痛苦交织，而他们的痛苦会使你的悲痛程度增加。虽然我们不应该说得这么直白，但事实就是如此，他们行为失当且无法理解你的心情。即使是想要帮助你的朋友也常常束手无策，无论我们多么训练有素，在正视和承担他人的痛苦方面，我们永远不够成熟。在悲痛面前感到无助会使人们做出奇怪的事情。

无论背后的原因有多么复杂深刻，对你来说，失去原本指望和他共担风雨的朋友无疑是重大打击，这个二次伤害令悲痛更加难以承受。

人们拒绝谈论的一件事：愤怒

我必须谈谈愤怒。尽管能够进入这一章讨论范围的话题成千上万，但我在这里只关注愤怒。在我们的文化中，愤怒不是积极的情绪。你不应该愤怒。无论发生了什么，愤怒都是不得体的表现。和悲痛一样，大众对愤怒有很深的成见：

短暂的爆发是可以理解的，但你必须快速结束，不要制造太多噪声。

这种对愤怒的抵制是荒谬的。

任何情绪都是对某种情况的反应。愤怒是我们在感到不公时做出的反应。无论具体经过怎样，只要受到了不公正的对待，你就有理由感到愤怒。"公平"是否合理并不重要，重要的是你受了委屈。

与大众心理学和医疗模式的观点相反，我们认为愤怒是健康、正常并且必要的情绪。和大多数情绪一样，如果我们没有对愤怒有足够的认可和支持，它就会转向内心，在潜意识中释放"毒素"。我们没有听到的（或拒绝听到的）心声并未消失，它会找到其他现身的方式。被压抑的愤怒会和其他被压抑的情绪堆积在一起，成为身体健康的隐患、人际交往的障碍，还会造成精神上的折磨。愤怒的负面形象恰恰源于大众对愤怒的禁忌态度：压抑会给人们带来压力，从而导致正常的情绪反应变成过激行为。

愤怒在被允许表达出来的情况下，只是一种能量，一种反应。作为一种公认的情感表达方式，愤怒是一种强烈的、带有保护色彩的关爱，对象既是你自己，也是你失去的挚爱。在某些情况下，愤怒还会给予你面对困难的力量。在尊重的前提下，为愤怒者留出空间，我们会发现他们表达的是爱、人与人的联系，以及对逝者的思念之情。愤怒是完全正常的。

我想说的是，我们欢迎因丧恸而产生的愤怒。愤怒是健康的情绪，而不是一个你必须迅速闯过的关卡，以便成为一个成熟的、周围人能够接受的人。你需要找到各种方式在感到不公时表达愤怒。当你能够大声说出你的愤怒，周围也没有人试图让你整理或快速消化这种情绪时，愤怒就不会成为反噬内心的力量。

触碰愤怒会使人产生恐惧心理。如果你感到难以驾驭愤怒，请向心理咨询师或能够信任的朋友寻求帮助。这时拥有一个伙伴是非常有帮助的。询问他人对你的愤怒有何感受是很正常的做法，这可以让他们做好真正倾听的准备，同时使你了解他们是否能够接受真实的你，而非试图强迫你压抑自己的愤怒。

其　　他

这一章的目的是使你在一个失常的阶段中感受到自己仍然是正常的。我可能无法做到面面俱到，我想说明的是，你在悲痛中所经历的一切从根本上来说都是……正常的。认可你的现状才是真正的良药，可能也是唯一对你有所帮助的方法。

在接下来的章节中，我会深入探讨悲痛给我们带来的挑战：发现我们在哪些问题上能够用具体的措施来应对无法被彻底修复的创伤。[1]

第 7 章

你无法解决悲痛，但你不必忍耐

生活在悲痛之中，你很清楚伤痛无法修复，一切都无法挽回。然而，大多数悲伤援助（以及抱着好意的亲友）都鼓励你克服悲痛，这是完全错误的做法。

与悲痛共存的方式不是移除痛苦，而是尽我们所能使悲痛得到缓解。了解痛苦与苦难之间的差别有利于你了解哪些事可以人为改变，哪些事仅仅需要你的关注和爱。

关注自身的悲伤，而不勉强自己去修复或整理情绪，会让面对悲痛变得容易一些。在尊重痛苦、向悲痛者提供援助的同时缓解他们的症状是本书的宗旨，也是本章的重点。

> 这是一个老生常谈的话题：快！她很痛苦！我们来开导她吧！让我们告诉她，总有一天事情都会好起来，要对拥有的一切心怀感激。让我们

告诉她,她有多么聪明、有趣又善良。既然这件事对她是重大的打击,我们就一定要向她保证,除了她爱的那个男人,一定还会出现一个人陪在她身边,轻柔地打鼾,在清晨把她叫醒并给她一个早安吻。

  我爱的人、我会反复向他们寻求帮助的人从不会用任何方式试图为我"解决"问题,或是纠正我的做法。他们不会试图让我振作起来,或是羞辱我不知感恩,明明得到过那么多的爱,却还不满足。他们不会告诉我以后事情会好起来,我还有那么长的人生之路要走。他们也不会提醒我生命轮回。这些看似有用的劝慰实际上都是站着说话不腰疼的人想当然的废话。

摘自 refugeingrief.com 网站上的文章
《提问而非告诉:如何帮助悲痛者》
(Ask, Don't Tell: How to Help Someone in Grief)

现在我该做些什么

  在非正常死亡事件发生后的最初几周和几个月,悲痛者会进入一种孤独的状态。在冲击发生的最初阶段,几乎没有任何事情能够给悲痛者带来安慰。在悲痛巨大的重压之下,以往能让你舒适的所有活动都失效了。满怀好意的劝慰成了刺耳的噪声。鼓励是无用的，陈词滥调的劝慰也毫无帮助。

要度过悲伤的早期阶段你得克服很多困难。这是一个不寻常的阶段，因此常规操作都不适用。当你处于悲伤的早期阶段时，你几乎没有能量去使用任何方法。而且对此时的你来说，用来优化现状的方法常常让你感到被冒犯而非被帮助。

陈词滥调的劝慰旨在要你摆脱痛苦。无论何时，只要我们谈论自己有多么受伤，就总有人跳出来要把痛苦赶走。在这种模式下，痛苦被认为是一件坏事，必须被清除。然而，你的痛苦不是空穴来风，它不会轻易消失。

巴塞尔·范德考克（Bessel Van der Kolk）在《身体从未忘记》（*The Body Keeps the Score*）一书中指出，在受到刺激时，身体需要做出表达和回应。这是生理反应，也是现实的需要。当身体和精神经历痛苦时，表达悲痛是我们的生理需要。否则，被压抑的痛苦会转向内部，导致更多问题。

不被承认、不被倾听的痛苦并不会消失。我们的悲痛文化如此混乱，原因之一就是我们试图把痛苦扼杀在摇篮里。一直以来我们都忽视了自己真实的情绪，没有认真倾听自己内心的声音。

把他人带离痛苦，并不能使他们从悲痛中痊愈。你也不能美化痛苦，把它描绘成通往更好生活的必经之路。悲伤使人痛苦，但这并不意味着它是不良情绪。痛苦是人类对丧恸正常、健康的反应。要度过悲伤时期，唯一的方式是允许它存在，而不是试图掩盖或匆匆略过。

我们非但不能消除痛苦，可能还需要将其视作正常、健康的情绪，给予其足够的同情心、真诚感和关切意识。我们要陪伴那个悲伤的自己，只有正视痛苦，我们才能承受生命不可承受之痛。

悲痛和痛苦

在世俗和宗教层面上，都有不少有关痛苦的真言戒律。对我来说，如果完全脱离佛学及其关于苦难的表达，任何关于悲痛和痛苦的讨论都无从进行。

"人生无常，众生皆苦"的佛学理念并不是说"假装自己看不到任何痛苦，假装自己没有身陷悲痛"，也不是说"放下执念，苦痛就会消失"。佛学承认痛苦，也承认悲痛，并且教导人们要找到一种"活在当下，对苦难做出回应"的方法，无所畏惧地回应悲痛，面对世间的痛苦。

佛看到了悲痛，他问："我如何才能在悲痛中守住心性？如何保持眼界和心胸的开阔，不为忧思所扰？当覆水难收时，我该如何平和地面对一切？"

在我看来，佛给出的答案就是爱。用开阔的胸怀去爱，敞开双臂去爱，明白你所拥有的一切终将消亡。尽管世事无常，但仍然要去爱。尽管此生你会经历难以置信的痛苦，但你还要放手去爱。要带着这个觉悟，找到一种生存的方式。爱能够包容一切，超越一切。要接受这个世界的痛苦——可能是自身的痛苦，也可能是他人的痛苦。

我们借鉴佛学和其他传统文化中的智慧和方法，目的是帮助自身抵御悲痛的侵袭，使我们能够直视痛苦，不被其吞噬。不同于大众心理学标榜的做法，消除痛苦、使你保持愉快并不是我所提及的这些智慧和方法的目的。

■ ■ ■

前面我们讲到，当死神夺走你的挚爱时，感到痛苦是健康、正常的反应。虽然它使人饱受折磨，但这并不意味着痛苦是错误的。

当我们在悲痛中感到孤立无援时，痛苦就出现了，我们会在痛苦中摇摆不定，怀疑自己的选择，怀疑自己是否正常，自己的行为以及对他人的反应是否合理。

当别人告诉你要忽略自己的感受时，当别人告诉你"你的情绪是错误的"时，痛苦就出现了。痛苦来自朋友、同事甚至是陌生人，他们怀着最大的善意，试图纠正、评判或给出建议，指导我们如何更好地处理悲伤。痛苦还来自我们拒绝吃饭、睡眠不足，花太多时间和恶毒的人在一起，或者假装自己根本没有那么悲伤。痛苦来自我们一遍遍地回忆导致悲剧发生、亲朋死亡的过程，并因为没能及时阻止这一切的发生而自我惩罚。我们质问自己，为什么没有多了解一点，为什么没有多做一点。与痛苦相伴而来的还有焦虑、恐惧和孤独。

如果你想改善自己的状况，就要改变痛苦的现状。

一场大型悲伤试验

下面我们需要回答的问题就是该如何应对悲痛和痛苦。由于悲痛和爱一样都是非常个人的,所以你只能用自己独特的思维方式、情感方式和生活方式找到出路。

一种可能会对你有帮助的方法是,不要用正确或错误来考量这个问题,而是把它当作一个进行中的试验。无论你已经经历了多少次悲痛或悲伤,现在都把它当作第一次。这一次的悲痛是独一无二的。每一次经历都有不同的结果,因此你需要用有针对性的方法去应对。

至于承受丧恸,你需要自己找到最佳的方法。你需要鉴别什么是悲痛,你需要情感支持;什么是痛苦,你需要做出改变。你需要不断地向自己提问和试验。

这不是考验

你或许听过这样的话:"你所经历的一切都是一场考验,可能考验的是信念、行为或者情绪稳定性。"我认为,这种说法会让你掉进陷阱。"考验"意味着宇宙是残酷的,它眼睁睁地看着不可能的事情发生在你身上,却袖手旁观。它目睹你饱受痛苦的折磨,却保持沉默,看你如何应对。它等着听你表达这份痛苦,看你能否给出正确答案。

这不是一场考验!

你的悲痛不是对爱的考验,而是一场有爱的试验。两者有巨大的不同。这是一场有关信念的试验,一场有关自我的试验,它与生活、悲伤、悲痛、爱和痛苦有关。你不会失败。你还没有失败。

这场试验旨在让你成为更强大的人,成为一个能够承受悲痛的人,迎接生命的挑战。无论我们探讨的是痛苦还是忍耐,目的都是相同的:允许自己去试验,寻找对自己有帮助的方法,看看有什么方式能让自己好过一点。我们做出这样的尝试,并不是为了让一切恢复正常,而是为了能更温和地接受悲痛。

应对悲痛的方法因人而异,没有一定之规。在你之前,有人经历过悲痛,在你之后,还会有人有这样的经历,但没有人能和你以同样的方式经历悲痛或爱。悲痛和爱一样,是非常个人化的情感。除了去试验,你别无他法。

这是一项永远在进行中的试验。

数 据 收 集

在悲痛中进行试验意味着你要去寻找能够为你的心灵和生活带来慰藉与平静的事物,哪怕它对你的情绪影响微不可察。我们探讨的是微观层面的问题:什么能够给你勇气和力量去面对接下来的五分钟,还有后面的一个又一个五分钟?写出你的痛苦会使你好受还是难过?和出门散步相比,你是否更愿意蒙头大睡度过漫漫长夜?

实话说,就我自己的悲痛经历而言,在悲伤的早期阶段进行试验并非我有意为之。将悲痛当作一种试验的认知对我有所帮助。它使我明白方法没有正确或错误之分,对我来说如此,对我内心的感受来说亦如此。

要走近自己的悲伤并进行反思,你要先开始关注情绪中那些微妙的起伏变化。有时眼泪在不合时宜的场合夺眶而出;有时你难以抑制内心的呐喊,想要在有些场合保持淡定几乎是不可能的。你的大脑中循环播放着悲痛的画面。令你崩溃的事情日渐累积,聚少成多。由此可见,悲痛和痛苦的影响是日积月累形成的。

我们可能会认为悲痛的爆发毫无征兆,但事实上,悲伤的早期阶段还是会出现一些预警的。收集信息可以帮助你意识到这些预警。

第一项实际行动是记录你注意到的变化。一开始,这项工作就像对事件的解构练习。如果你对最近的一次崩溃经历展开分析,你能否回顾事件发生前的一周,有哪些征兆预示着你的压力即将超负荷?有哪些额外的压力源打破了你的安稳状态?有哪些小的情绪爆发导致了激烈的情绪起伏?

就我个人而言,对人类、其他动物和无生命个体产生强烈的愤怒,就预示着情绪的爆发。我越受到沉重的打击,越容易被微小琐碎的事情影响。当我平静下来之后,梳理那些复杂的烦心事要容易得多。

我想借这个例子说明的是,愤怒是一种预兆,它提醒我远离生活中随机出现的压力源。它意味着我需要更多睡眠、更多食物,少与人类接触。随着我对这些征兆感受力的提高，我能更好地照顾自己的情绪。我能够将这些征兆看作对我的提醒，它们提示我要后退一步，缩小社交圈，更加关注自我，而不是强迫自己做出某种行为。

如果把你的情绪稳定性以及对悲痛的承受能力当作一个银行账户，那么每一次人际互动都相当于提款，每一次承受压力也是一次提款。通过一些征兆意识到你的账户正在缩水，能够有效地帮助我们避免危机并缓和情绪。

收集信息还能够帮助你从微观层面衡量某种行为的好坏：你有感到情绪稳定、平静，能够在悲痛中自由呼吸的时候吗？有什么人、在什么地方或者进行什么活动能够增加你能量账户的存款吗？有没有活动或者互动行为能使你感到更平静、温和？在这些时刻之前和当中都发生了什么？与之相反，有没有哪些活动或者环境使事态更糟了？有哪些因素导致事情向着更加无可挽回的地步发展？

自我检查一下，记录你在一天的不同时刻以及不同状况下的感受。记录你的社会交往情况，你睡了多久，吃了什么（或者没吃），如何安排时间。你不必过于在意这些事情，全局与细节同样重要。

如果你不确定如何开始，或许可以从问题入手，比如：我见到这个人之后有什么感受？我是感到被关注和支持，还是疲惫和疯狂？一天当中有没有某些时刻我感觉比较平静和安心？有没有特定的书、电影或地点能够抚平我紧张的神经，哪怕只有一小会儿？

你的记录看起来可能是这样："今天我去了杂货店。人很多。我看看这儿，看看那儿。我感觉糟糕，崩溃。那里有太多回忆。我感觉自己暴露在人群中。我没有安全感，处于自我防卫状态。我去了某人的派对，待在厨房里帮忙，感觉还好。虽然我身处人群之中感觉不错，但我不想和他们展开实质性的交往。和我的婆婆（岳母）聊天——只要我们谈论的内容与追悼会的事务安排有关，我就感觉得到了支持。其他话题最终都转向了疯狂的讨论。今天早上我去了海滩，我感悟到水能够承载一切，我感觉自己得到了陪伴。早餐我吃了加糖的麦片。对于午餐，我感觉糟糕透顶。"

确保记录下那些能够给你哪怕一点点平和以及安稳情绪的事物。特别是在悲伤的早期阶段，彼时你对所有事都提不起兴趣，无法挽回的痛苦压倒了一切。但是，有些时候你还是能感到情绪相对稳定，焦虑有所减轻，你能够温柔地对待自己。请记住我们的目的是减轻痛苦，找到相应的方法。当你找到使你好过一些（在悲伤的早期阶段）或者哪怕最终只带来一点点改观的事物（不限于悲伤的早期阶段）时，请特别留意它们。

收集这些信息能帮助你思考如何从个人角度区分悲痛和痛苦。请记住，痛苦具有任意性。记录对你有帮助和没有帮助的事物之间的细微差别，其实是在描绘你的痛苦，它使你了解能够改善或避免哪种情况。它让你意识到，自己掌控着悲痛的哪些方面。尽你所能避免那些对你毫无帮助的事情，减轻痛苦，使自己更有精力和能量去应对悲痛。

| 试一试 |

收集一般信息

在接下来的一周,记录一天中你的情绪在不同情境、不同地点和不同社交状况中的变化。你会发现什么?

证据:结果比行动更重要

你是如何感知到自己状态尚佳,而不是在悲痛中挣扎受罪的呢?

因为我们的评判标准不再是悲痛的消除,所以在悲痛中能否觉知到自我相对较好的状态就成了一个吊诡的问题。当你整日以泪洗面,在情绪趋于稳定的时候你如何知晓?你如何分辨你的悲痛是因为真实的不幸事件,还是因为你陷入了自我责备的死循环?

你收集到的信息能够帮助你意识到悲伤早期阶段的预警信号,使你看清楚哪些方法是有用的,哪些是没用的。然而,在强烈的悲痛中,要分清什么时候感觉"有起色",什么时候"更糟糕"是很困难的。将痛苦和悲痛二者分开也是很难的。

在这样的情况下,观察某些行为的结果,识别哪些是痛苦情绪的信号,哪些是情绪相对平静的信号对你是有帮助的。

虽然每个人的悲痛都是独一无二的,但仍有一些广义的信号供大家参考。

痛苦的信号：睡眠不足，没有胃口，暴饮暴食，噩梦，侵入性思维，焦虑，自我批判，情绪反应（不同于悲伤或悲痛），脾气暴躁，与责任不成比例的愧疚感，在情绪激动时无法呼吸或无法区分不同程度的情绪从而关照自我，感到成了悲痛和他人反应的受害者，感觉痛苦太过强烈，无法缓解也无力抵抗。

相对平静的信号：情绪平和，善待自我，感到在痛苦中得到支持和陪伴，多多少少能感到精力得到恢复，饮食正常，能够接受自己的情绪状态（无论是何种状态），能够对他人的不良行为给予清晰的纠正和引导，不再事事针对个人，能够区分不同程度的情绪，或者使自己跳出某个情景从而关照自己的情绪，与自我、他人和你失去的那些人都有联结。

| 试一试 |

记录证据

作为试验的一部分，一种有效的方式是列一张这样的表格：在表格的一边列出使你真实地感到痛苦的信号，在另一边列出你很好地关照了自己的那些信号。对你而言，什么是痛苦的证据（比如，睡眠质量差，感到格外暴躁等）？什么证据表明你尽己所能去关注自身的悲痛（比如，感到放松，能够更容易地忽视或者摆脱鸡毛蒜皮的小事等）？

有起色 vs. 更糟糕

导致痛苦的一大原因是无意识的自我伤害。

我们会在其他章节中具体讨论与思维意识相关的悲痛表现,比如焦虑、记忆、侵入性思维。现在我们要探讨自我批判、审视和责备与悲痛的关系。

当你有压力时,你的大脑会变得非常贪婪,甚至开始自我吞噬。我就是这样的。有洞察力的、善于自我反思的人会比其他人对自己更加苛刻。敏锐的思维并不一定是好的,特别是在遭遇出乎意料的非正常死亡事件后(其他丧恸经历也是一样),我们会一遍又一遍地回忆事情的经过,回想我们在其中扮演的角色。我们会回忆一切:每一个细节,每句话,每个选择。和我较量的不只是当天在河边发生的事,还有几乎每天都在我头脑中循环的这些问题:我当时做得有多好或者多不好,马特认为我做得好还是不好,马特那看不见的灵魂依然在对我指手画脚是多么不公平。

我心绪不宁。

许多宗教理念指出,心是痛苦之源。

即使你大脑的一部分告诉你某些事是真的(在 99.9% 的情况下并非如此),也不要因此用一连串让人痛苦的、吹毛求疵的想法增加自己的痛苦。在这些想象出来的思维大战中,我们注定会失败,这并不是好的征兆。

■ ■ ■

如何将不良思维与有益思维区分开呢？不良思维会加剧你的悲痛，使你背负更多压力，增加你的痛苦。每个人都有独特的精神自虐方式，但实际上，这只是臆想出来的对未来发生事件或者对过去发生过的事件的焦虑。我错过了什么？为什么当时我没有换一种方式呢？现在我该怎么带着这份悲痛活下去？是我造成了这一切吗？所有这些想法都关闭了你的正常机能，也使你与生活隔绝开来。它们是无用的。它们给你带来痛苦，让事情更糟。

有益思维产生的效果恰恰相反：尽管你依然悲痛，但你的情绪会更加稳定平和。有益思维是那些使你更加关注自我的故事、观点和内心意象。它们能让你产生微弱的安定感，也足以增强你对悲痛的承受力。

| 试一试 |

有益思维 vs. 不良思维

你可以筛选出一些前面的内容制作一张对照表，对比哪些思维使你感到平和，哪些思维使你感到狂躁，哪些思维、观点或者画面是不良的。你还可以增加在之前表格中出现过的活动，诸如和特定的人共度时光，花太长时间上网，饮食状况不佳。基本上，任何使你拒绝接受关爱、苛求自己或使你彻底陷入疯狂的行为都可以归在不良思维这一边。

在对照表的另一边，列出有益的思维、观点、画面和能帮助你舒缓情绪、感到安定的活动。我不会猜测你的表格可能包含什么内容。你一定会感受到这些情绪。当你深入内心的时候你会知道什么时候感觉不错。

在你的情绪相对平静的时候写下这些活动，如此一来，当强烈的悲痛袭来时，你就可以求助于它们。与其招致更多痛苦，不如将思维转向有益的、柔和的一面，或者从你的表格中选择另一种活动来缓解当下的紧张情绪。

哪些事物会加剧你的痛苦？哪些事物能帮助你以更柔和的方式承受悲痛？

上述做法会带来什么改变

我建议你花时间搜集信息的原因是，你可以通过这种方式来辨别何时痛苦加剧，何时痛苦得以缓解或变得可控。区分痛苦和悲痛，能帮助你理解某些活动及其对悲痛产生的影响之间的关联。意识到哪些思维能够使你情绪缓和，哪些会加重你的痛苦，能使你更容易从痛苦中转移注意力。

当你通过上述训练学会记录自己的活动和人际交往情况，与痛苦共存，调节情绪，区分有益思维和不良思维后，你就可以以此为基础打造一个"指南针"，指引自己在悲痛中生存下去。生活教练玛莎·贝克（Martha Beck）称上述做法为寻找你自己的"启明星"。这类做法既可以使你意识到痛苦，又可以指导你减轻痛苦，特别是当你身陷强烈的悲痛之中，不知道如何自我解救的时候。

作为一份综合性档案，这份记录中是你痛苦的外在表现，借助这份记录，你能意识到什么时候你的悲痛已经太过强烈，而你无力招架。它为你提供了一个思维切入点。当痛苦袭来时，你该如何自助？选择那些最近帮助你引导出相对平静情绪的活动。睡眠质量差？你收集的信息会告诉你，你该减少糖的摄入，同时避免在电脑前熬夜。感觉被愤怒和委屈的情绪淹没了？数据会告诉你，当你和那些评价或是无视你的悲痛的"朋友"一起消磨时光时，你合理的愤怒变得更强烈了。要缓解这种痛苦，你可能需要花些时间融入自然环境，去感受不被评判的平和感。你可以选择花更多时间去做那些能够带来哪怕最微小的平静和稳定情绪的活动，看看结果会如何。

尽管可笑，但有用

所有这些关于信息收集和寻求指引的讨论似乎看起来都像是可笑的头脑训练。从某种程度上来说，确实如此。但我想说的是：没有人应该或者必须承受如此巨大的痛苦，而不需要任何工具或方法的帮助。减轻痛苦的唯一方法就是对痛苦产生好奇，试着记录和描绘悲痛世界的地图。

全世界最好的任务清单也无法从实质上修复任何不幸。请记住这是一个试验。创建一个表格，记录那些对你有帮助或者使你情绪恶化的事物，实际上是为你打造了一个指南针。当真实的生活和悲痛让你无法承受时，这个指南针能给你明确、有实际效果的引导。虽然它不能修复任何东西，但它可以帮助到你，哪怕只有一点点。

我们希望你能通过这些活动，在这个特殊的时刻找到一些内心的平静。你的痛苦能够减轻一些。你能够关注悲痛本身，更加善待自己。你能够直视自己破碎的内心，而不是坠入痛苦的深渊。

随着信息的不断积累，你会发现哪些活动会使情况更加糟，哪些能使情况稍微好转，你会逐渐发现其中的规律。有时候你感到心绪平和，有时候你感觉自己像一个被不停抽打的陀螺。有些事情并不会使你更有"情绪代入感"。有些活动让你感觉良好，而有些活动让你感觉非常糟糕。有时你之所以选择糟糕的活动，是因为你还没有关爱自己的意识。这很正常。做你能做到的，不要勉强自己。

有时候，你只有这么多能量，你唯一能做的就是向着有益的方向引导自己的情绪，寻找柔和的自我相处模式。你只要试着让思维和情绪向有益的方向转变，就足够了。

第 8 章

如何以及为何活下去

运用工具来减轻痛苦,是悲伤者能采取的为数不多的有效行动之一。然而,减轻痛苦并不意味着痛苦消失,悲痛可能仍旧非常强烈。

在悲痛的早期阶段存活下来需要你付出巨大的努力。悲痛排山倒海般袭来,度过一天都显得那么困难,你的目标最多是度过接下来的几分钟。在这一章中,我们会介绍几种帮助你承受悲痛的工具,探讨当悲痛太过沉重时你能做什么,以及为什么善待自己是最有必要的行为,也是最难得到的良药。

悲痛与自杀:你需要知道的

悲痛对你的思维、身体和人际关系等都会带来负面影响。一想到漫漫长夜,身边不再有挚爱的陪伴,你就会深受打击。一想到其他人都回到了生活的正轨，只有你孤独地坐在废墟之中，你会心如死灰。真实的悲痛太沉重了，无法和任何人分享。对许多人来说，每天早上醒来会让他们痛苦不已：真可恶，我还活着。这样的想法是正常的。

不想在每天清晨醒来对悲痛者来说是很正常的，这并不意味着他们有自杀倾向。不想继续活着和想死不是一回事。然而，你很难与其他人沟通这种想法，因为他们会担心你有轻生的念头。当我们谈论失去活着的意愿时，对方往往会陷入沮丧，因此我们往往会放弃倾诉。这是很危险的。

在强烈的悲痛状态下，我们需要直接谈论情绪。有时你一点也不在乎生死，原因不是你有自杀意愿，而是你根本不在乎。身处悲痛之中，有些时候无所谓的态度会让你好过一点，冷眼旁观死亡的发生，大无畏地迎接生命的挑战。有时你一点都不关心自己的安全。我明白这一点。所有人都鼓励我们活下去，说"你还有很长的路要走，生命中还有很多美好的事情等待你去经历"，而你感觉它们都与你无关。从某些层面上来说，它们确实与你无关。你无法鼓励自己走出悲痛的深渊。

度过悲痛的早期阶段生存法则不是期待未来，也不是寻找能点燃你的激情，或是找一个活下去的理由。不是这样的。那些宣扬生命价值的鼓励与你无关，在悲痛威胁到你的时候，你需要其他方式来疏导过于强烈的痛苦。

就我个人来说，"还不如死了"的强烈情绪通常出现在我驾车行驶在高速公路上的时候。在这种自暴自弃的时刻，使我保持理智，把手放在方向盘上的动机是，我不想让另一个人像我一样悲伤。我会继续开或者停下来，因为我不想冒险伤害他人。我不想制造一场车祸来搅乱他人的生活，或者给任何人带来痛苦。"不想给他人造成更多痛苦"的念头使我做出不威胁自身安全的选择。

我和另一个失去丈夫的人约定好：即使强烈的悲痛即将把我们压垮，我们也要坚持对彼此的约定，活下去。试着摆脱对什么都无所谓的态度。这样做不是因为最终迎接我们的是一个更加美好的未来，而是因为我们不想让彼此更痛苦。我们需要彼此。我们需要知道彼此的未来。我们之间的关爱和承诺帮助我们度过了一些非常糟糕的时期。

悲痛者会经历这样一个过程：从仅仅是不想处在悲痛中，到强烈地渴望离开这个世界。

感觉对活着失去热情是很正常的。在你的生命中至少有一个人是你能够坦诚相对的，告诉他们你对生存的真实想法是非常重要的。说出真相会减轻一部分压力。无论悲痛有多么强烈，首要的事情还是保证安全。请你活下去。如果可以，请为了自己活下去。如果你身兼责任，请为了他人活下去。

请注意：感觉不愿在清晨醒来和实质性地伤害自己甚至自杀有着本质的不同。如果你想伤害自己，请务必向他人求助。许多人都经历过你所经历的一切。生存就是每次崩溃时都多活一分钟。如果你需要帮助，请你联系当地的自杀预防求助热线。大多数国家都有全国性的救援热线，当然，你也可以通过网络寻求帮助。

> 我并不想自杀,但我要告诉你,如果有一架钢琴从这栋楼的楼顶掉下来,而我正从楼下走过,我不会匆忙跑开躲避。
>
> 丹(Dan),
> 写于丈夫迈克尔去世之后

在悲痛中生存下来:睁开双眼直视心碎

对于生理问题,我们有一整套用于消除痛感的药物和处方。然而,对于悲痛造成的痛苦,我们……无能为力。这件事总是困扰着我,几乎每一种生理疼痛都有治疗方案,唯独悲痛无药可医。你就该忍受着痛苦煎熬。

从某个方面来说,事实就是如此。痛苦的治疗方法很简单,就是去感受它。有些传统理念认为,与其试着去修复痛苦,不如练习对悲痛给予同情。当你面对无法修复的痛苦时,你可以采取佛家教义四无量心⊖中所说的舍无量心。舍无量心指保持心胸开阔,舍下执念,接受人力无法改变的现实,接受悲痛的存在。舍无量心要求我们保持足够的平静来感受一切,即使无能为力,也要平静地去感知一切。

舍无量心被认为是最难教导、最难修习的一种同理心。

⊖ 四无量心指:①慈无量心,给众生欢乐;②悲无量心,救众生于苦难;③喜无量心,见众生离苦得乐而喜;④舍无量心,对众生一视同仁。——译者注

通常人们将它理解为"不以物喜，不以己悲"，其实它追求的是面对无常的真实世界保持一种通透、平和的心态。当事情无可挽回时，智慧的做法是关注它，感受它，面对它，并承认"我看到你了"。

这就是悲痛的最大秘密：应对悲痛的关键就在于悲痛本身。正如 E. E. 卡明斯（E. E. Cummings）所说，治愈伤口的解药就藏在伤口流出的血液里。这听起来似乎有些抽象，我想说的是，从某种程度上来说，你允许悲痛存在，也就以某种方式改变了悲痛。见证个人的悲痛本身就蕴含着一种力量。真正的挑战在于保持活在当下，面对内心和意识深处的自我，特别是当这个自我已经支离破碎的时候。悲痛想要得到倾听，也值得被倾听。否认或轻视真实的悲痛只会让情况更糟。你处在巨大的悲痛中，说出这个真相，这是另一种关注自我的方式，即使无法改善现状，这种做法也是有意义的。

很重要的一点是，找到能彻底释放悲痛的地方，让你的痛苦完全表露出来，占据它所需要的全部空间。当别人一再告诉你要清理自己的悲痛时，有个足够宽广的空间容纳你的痛苦，是很治愈的。这会让你放松下来。你越能够用开放的胸怀接纳你的痛苦，你就越能够和它共存，也就越能够温和地对待自己、关心自己，从而度过这个阶段。

你的痛苦需要空间来释放。

我们之所以到大自然中寻求抚慰，是因为自然比自我广阔得多。虽然悲痛不是我们亲近自然的唯一动机，但悲痛时我们常常这么做。延伸的天际线，广袤无垠的空间，一个足够宽阔的环境才能承受我们所有的痛苦,我们需要这样的空间。有时你的痛苦即便是宇宙本身也无法承受。这是真的。有时悲痛需要一个比无穷尽的星系还要广大的空间去消化。或许你的痛苦多到能够绕地球好几圈,只有恒星那样巨大的容量才能承受它。当我们允许悲痛在一个空间中呼吸、延伸、存在时,它才可能平静下来。一旦解除束缚和禁忌,悲痛就能停止破坏监禁它的牢笼,不再为得到承认而拼命反抗。

应对悲痛没有什么是必须要做的。事实上,你也没有必要为了悲痛去做任何事。它就在那里,你要关注它、关心它,以及找到释放它、允许它存在的方法。在悲痛中关照自己,这与尝试摆脱悲痛有很大的不同。

唯一的方法是敞开心扉,睁开双眼,尽力直视你支离破碎的内心。虽然无法修复伤痛,但这种态度是改变一切的关键。

关照悲痛:代价是什么

大多数人会无意识地忽视悲痛。我们不是不愿意正视痛苦,只是不知道面对它需要付出什么代价。为悲痛留出空间的方法有很多,但这并不意味着我们不需要任何技巧就能轻易做到。

《没有绝望的大篷车》一书的作者米拉贝·斯塔尔是我的朋友、同事,她在博客中说:

当我们真正接受了生命中的不幸，并在我们一起打造的群体中得到安全感的时候，我们会开始发现不可承受的不幸变得可以承受了；当我们小声说出"好的"，而不是嘶吼"不"的时候，一种难以言喻的感恩之情会开始修复我们破碎的内心……

试一试。如果你之前尝试过但失败了，就再试一次。找到你心中淤积着的疼痛，试着减轻这种疼痛。请给自己一个机会，用一种柔和的方式探索这种痛苦究竟给你带来了什么感受。怀着对自我的同情，解除受伤的心灵的重重防卫，保持平稳的呼吸，安静地进入那片废墟。你不需要复杂的方案，也无须遵循某种规定。不必设定目标，现在就行动，走进那片废墟，慢慢地呼吸。[1]

米拉贝鼓励我们去发现丧失之痛，用不卑不亢的心态去面对它、接近它，真实地去感受它的重量和使人畏惧的形状。在那片废墟里你会发现什么？如果你卸下防备、走进其中，你还能找到回来的路吗？

你需要学着信任自己。当你的世界被悲痛彻底颠覆之后，信任自己就意味着"相信你不会把自己遗弃在痛苦中"，而非"相信自己能够做好所有事情，相信一切问题最终都会得到解决"。

有时，你只需要知道你是可以照顾好自己的。这样一来，无论发生什么你都会爱自己，为自己挺身而出，尽最大的努力照顾自己。反复这样做能增强你的自信,使你更容易去直面自己的痛苦。

在创伤咨询中,我们绝不会讨论真正的创伤事件,直到来访者已经建立起坚实的支持体系,并且有方法处理随之出现的情绪。要建立起对自我的信任,很重要的一部分在于创造出自我支持体系,从而在寻找内心悲痛的过程中提高安全感。

寻找内心的痛苦,直接用爱去感受它,你需要做些什么?你需要做些什么才能保证你有足够的安全感和强大的内心来接近和减轻痛苦?时间?独处?红酒?与现实世界的连接?一个对结果的保证?

> 如果你想让我在这片废墟中活下去,我必须深入学习这个过程。全身心进入悲痛的废墟,让它彻底包围我,带给我各种情绪的起伏变化。这意味着再体验一遍发生过的每一个细节——那些最艰难、最黑暗、最尖锐的时刻。马特死前的快乐时光会给我带来一种独特的痛苦。这就像一遍又一遍地重复妊娠的过程。数着日子过每一天,怀着强烈的兴奋,直到孩子出生的那一刻。
>
> 有时候我想主动去寻找痛苦的根源。我想沉浸其中,让痛苦浸透我的每一寸皮肤。这无疑是一剂猛药,会冲垮一切。这种方法会推翻你所有的心理建设,让你不得不从头再来。我敢说,这

种置之死地而后生的方法也许会让你变好许多。

它带给你的回报就是，能让你品尝一下无所畏惧的感受。你要全力以赴，背水一战。虽然悲痛令人消沉，但有时背水一战的结果令人振奋。悲痛能奈你何？这是我努力赢得的骄傲。我是一片渴望开辟的新土地。

> 凯特·萨迪斯（Kate Suddes），
> "写出你的悲伤工作坊"学员，
> 写于儿子保罗去世后

| 试一试 |

废墟中的支持

你需要找到一种方式来度过悲痛时期，它能使你意识到自己真实的感受，并且对现状表示不满，与此同时，你能够得到某种支持和陪伴。要探知你的个人需求，你可以试着回答下面的问题，你也可以尝试回答米拉贝在她的博客中提到的问题。无论得到什么样的感召，都试着通过书写来深入地思考。

- 在悲痛中，你需要什么来获得更多的支持感？我们怎样才能使出人意料的状况变得更加友善、更加温和、更加轻松？
- 你可以赋予悲痛一个独立的人格："为了在面对你的时候得到安全感，我可能需要……"

- 你不妨以"如果想要在这片废墟中保持呼吸"为开头展开自由写作。

当纪念日即将到来,或者你马上要一个有挑战的活动时,这种练习非常有效。通常,如果预先知道活动什么时候结束,我们就能度过艰难时刻。你可以自己设定一个结点,无论你要经历的是什么,只要它一结束,你就与信任的朋友见面或者一起行动。比如,如果你知道遇见房地产律师会使你非常紧张,那么就做好计划,在和律师会面之后找个朋友一起喝茶或者散散步。你可以准备些食物在会面后吃,再买票去看一场搞笑电影。

回答上述问题能够帮助你认清你的内心需求,无论你要面对多么糟糕的事情,你都有办法得到有益的支持。提前做好安排能让你在事情进行的过程中有安定感,并且确保在事情结束后获得相应的支持。用这种方法关照自己就像时间旅行——给未来的自己提供帮助。

我受不了

实际上,悲痛的核心任务是学着陪伴悲痛中的自己。当悲痛威胁你安全的时候,你要学着"关闭"悲痛。可能你当时正在工作,或者正在应付孩子、岳父岳母、父母、邻居,或者你正在开车。有时,认真地思考悲痛令人难以承受。我不是说要把"关闭"悲痛情绪当作一项长期的解决方案（这并不起作用），而是要在悲痛以最大限度对你造成不良影响的时候，暂停悲痛。有时候，否认是一种仁慈。转移注意力是一种健康的策略。

我还记得马特去世后的第一个情人节。当时我吃得很少，习惯在房子里保存各式各样的即食食物，以防自己突然有食欲。在去杂货店之前我给自己做了心理建设。我注意到停车场似乎格外拥挤，但我还是逼着自己开进去。我不关心外界发生的事，我甚至没有意识到那天是情人节。无处不在的情侣触动着我的内心。相爱的情侣或者看起来相爱的情侣，手挽着手，在一起购物。

我所到之处都是情侣们在甜蜜地讨论买哪瓶红酒，或者是否要搭配一块昂贵的、有机的草饲牛的牛排。

无论我去哪儿，"马特已经死了"这个事实都纠缠着我。不再有浪漫的烛光晚餐，不再有普通的晚餐，什么都不会有了。不仅如此，一想到每一对可爱的伴侣最终都会走进坟墓，我就无法呼吸，无法抑制自己的眼泪。

我跑出了商店，在悲痛决堤之前钻进了车子。我知道我遇到麻烦了。我发疯了。我需要暂停痛苦。我知道那时的我开车很不安全。那时我的援助小组没有一个人接我的电话或者回我的短信。他们当然不会了，他们都在和伴侣或家人共度情人节。

幸运的是，我的大脑想起了我曾无数次给他人讲解过的练习：当你的内心世界正在分崩离析的时候，你要专注在外界的、物质的、有实体的世界上面。停止崩溃！安抚你的大脑，停止陷入崩溃的旋涡。

你可以找出身边所有橙色的东西，说出它们的名字：鞋、里程表上的刻度、远处标牌上的品牌标志、路过的女人穿的外套、花瓣、丑陋的自行车以及一枚邮票的背景图案。

我可能会从字母表中选一个字母，想出所有以这个字母开头的单词，数一数停车场里有几条横线，捡起掉在车厢里的泰国餐馆点菜单，念出我曾经喜欢的菜品。这些东西本身没有意义，有意义的是我选择了这些无意义的东西，寻找它们，计算它们，无形中制造一个"船锚"，让我在情绪风暴中静止下来，否则我根本无法面对排山倒海的痛苦。

当你所处的环境诱发了强烈的悲痛情绪时，你就很有可能陷入情绪洪流。情绪洪流不同于给悲痛创造空间。虽然悲痛永远不会让你好受，但总有某些特定的时刻，你感到现实生活的重压变得容易承受了。

不要关注你的身体，不要试图找到你的"快乐地带"

当你需要一个"船锚"来拴住在情绪风暴中飘荡的自己时，选择什么事情来做并不重要，尽可能做有益的且可重复的事情就可以。有时候，在这样的状况下，临床医生和老师会建议你关注呼吸或者身体上的感受。然而，当你应对死亡、伤痛或慢性疾病时，将注意力转移到身体上只会让你的情绪更糟。

在马特死后的前一两年，我无法通过冥想或想象等方式把注意力集中到呼吸上。当我尝试去呼吸或者被引导着去呼吸时，我能看到或感到的只有马特那具停止呼吸的身体。把注意力集中到身体上会残酷地、本能地使我想到马特的身体从这个世界上消失了。我自己的这具身体也可能随时消亡。

有些教程会建议你在与情绪的对抗中想象自己身处一个"快乐地带"。在悲痛早期，要找到一个"快乐地带"几乎是不可能的。丧失的痛苦无孔不入。没有任何一件事不与之有关联。在马特去世之前，能让我感到发自内心的快乐的地方是河边。我内心的河被真实的"河"破坏了，我再也无法回到河边感受宁静了。对一个来访者来说，所有想象"快乐地带"的机会都被痛失所爱的事实抹杀了，他成了一个精神瘫痪的人，再也不可能真正独自一人身处"快乐地带"了，更不要说别人能把他带入"快乐地带"。

当你的生活被彻底重组之后，任何一件事，任何一个令你开心、平静的地方、活动或者画面都会或多或少受到悲痛的侵染。

我说这些话不是要泼冷水，只是希望大家能认清现实：对其他情绪有效的工具未必对悲痛有效。这就是我希望你能够把注意力放在日常事物上的原因：当你把注意力一直集中在枯燥的、重复的、身体外部的事物上时，痛苦被诱发的概率是相对来说最小的。

记住，当某个场合诱发了极度的痛苦时，暂时从情绪中逃离出来是善待自我的表现。这是一种用爱心和尊重去关注自身的方式。尽可能使自己不陷入情绪洪流,当你有资源和能力处理的时候再回头面对你的悲痛。

善待自我

在本章中我已经几次谈到了"善良"(kindness)这个词。你注意到了吗?

对于如何从强烈悲痛中生存下来这个问题,答案就是:善待自我。

关心自我,怀着爱和温柔来应对折磨人的悲痛,并不能改变任何不可挽回的事实。

看看你所经历的一切以及你不得不完成的任务——打电话通知死讯、做决定、安排葬礼、瞬间消失的生命,所有这一切都值得你对自己仁慈一点。你值得最大限度的关心和尊重。你值得爱与关注。

或许你周围的人尝试了,但他们经常无法给予你这种关爱。这个世界充满了痛苦、暴力和压力,因此世界常常无法给你这种关爱。然而,你可以关爱自己。

> 从此以后,我会对自己善良一些。
> ——彼得·庞西(Peter Pouncey),
> 《老人的等待法则:一部小说》
> (*Rules for Old Men Waiting: A Novel*)

你可以善待自我

善待自我意味着关心自我,你要意识到自己需要后退一步,允许自己表达痛苦而不受人评判,信任自己,认同对自己有益的帮助,拒绝无效的帮助。善待自我意味着不要惩罚自己。

善待自我是非常困难的。我们可以整天讨论其他人如何值得被善待,而常常忽略善待自我。我们太清楚自己的缺点,知道自己会怎样把事情搞砸,做任何事都会出错。我们对自己的严苛程度远胜于我们对他人的标准。不单是你,其实每个人都在这种自我苛责中挣扎。对许多人来说,善待他人要比善待自我容易得多。

让我们回到舍无量心,平和、安静地关注人力无法改变的现实。这很好地描述了善良的内涵。

当你悲痛时,你需要善待自我,毕竟你已经经历了所有的不幸。

善待自我或许意味着你想睡多久就睡多久,补充你所需要的睡眠,而不用逼着自己完成某件事。善待自我既可能意味着拒绝一场社交活动,也可能意味着在抵达停车场后掉头就走,因为对当下的你来说,购买日用品超出了你能承受的范围。

善待自我可能意味着让自己松弛一点,不再苛责自己。善待自我可能意味着偶尔逼自己一把,把你从温和的消遣中拉出来,将注意力转移到更广阔的悲痛风景之中。

善待自我的表现形式会发生改变，而你付出的努力不会白费。你永远不会离开自己，明白这一点，你就会有安全感，就能够在这个分崩离析、光怪陆离的世界里找到让自己平静的方法。

虽然善良无法改变任何既成事实，但它能让你的思想和心灵放松一些。所以，今天，哪怕只有一小会儿，你能善待自我吗？你能拿出一点时间去询问自己"善待自我意味着什么"吗？

即使你无法自始至终做到善待自我，也要尽量转向这种行为模式，转向善待自我的方向，坚持下去。

| 试一试 |

请回答以下问题：今天善待自我的做法是什么？这一刻呢？

自我关照的宣言

善待自我是一件很难的事情，因此设立一些日常的、看得见摸得到的提示物是非常重要的。

在治疗过程中，我们经常通过用飞机上的安全措施做类比提醒来访者：在遇到麻烦或危险时，在你尝试帮助他人之前，一定要先戴好自己的氧气面罩。你必须把自己放在首位。要想活下去，你必须认真照顾自己。

自我关照的宣言是你的求生地图。当你感到迷茫或者被悲痛压垮的时候，这份清晰简洁的地图会纠正你的方向。当外界坚持要求你按照他们的方式生活时，它会鼓励和支持你保持真实的自我，满足自己的需求。它会帮助你善待自我而不是苛责自我。

称之为"宣言"似乎听起来有些夸张，但我要严肃地说：牢牢抓住自己的需求，把自己放在第一位，坚持为自己赢得空间去更好地、更温和地、更容易地消化悲痛——没有什么比这个更重要了。

自我关照的宣言可以用"练习善待自我"来概括，例如给自己写一封情书，或者列一份清单，上面写出10个或者更多必须记住的重要时刻。

| 试一试 |

自我关照的宣言

你的宣言会包含哪些内容呢？写出来，把它发布到某个平台上，让它无处不在，并且每天照此执行。无论你多少次陷入悲痛，或者思绪混乱、心神不宁，都要记住善待自我。

愿你对悲伤的自己仁慈一些。

第 9 章

我的大脑发生了什么
处理悲痛带来的生理影响

悲痛对身心的多方面影响很难用语言表述。本章包括一些最常见，也最奇特的悲痛，并会提供一些工具，帮助你维持身心健康，从而调整你的生活方向，使你平稳度过悲痛期。

悲痛与生理

虽然我们经常把悲痛视为一种情绪，但实际上悲痛是一种身心参与其中的经历。你在怀念逝者，你的整个生理系统都在做出反应。精神生物学的研究显示，失去与我们有亲密关系的人会改变我们的生物化学特征。生理原因导致了失眠、疲惫和心率过快。[1]呼吸、心率和神经系统的反应，在某种程度上受与我们关系亲密的熟人或动物的影响，在我们失去亲人的时候，这些大脑功能会受到严重的影响。

悲痛会影响食欲、消化、血压、心率、呼吸、肌肉力量以及睡眠——几乎是对身体的全方位入侵，身体内部的机能几乎都会受影响。

除了生理影响，认知改变、记忆缺失、多疑、注意力减弱也都是悲伤早期阶段的常见现象。有些症状甚至会持续数年，这也是很正常的。

从很多层面上来说，这句话都是真理：失去亲人会改变你的一切。

处在"临界状态"

悲伤的早期阶段是一个过渡阶段。在这一时期，你处于一种迷茫的临界状态，你既不再是从前的你，也尚未转变成全新的、有着坚实性格的自己。我们通常用蝴蝶的形态变化作为对这一阶段的隐喻：在茧中，"毛虫 – 蝴蝶"就处于一个临界状态，它既不是毛虫，也不是蝴蝶。与之类似，在悲伤的早期阶段，我们的状态并不稳定。曾经我们习以为常的一切（生理上和情绪上的）都进入了一个不稳定的状态。

你的身心处于临界状态，你处在丧恸带来的巨大震惊之中。理解这一阶段的具体情况能够帮助你做出有利于生理健康的选择。

疲惫与失眠

睡眠过多或睡眠不足都是悲痛的重要表现。本章关注悲痛对身体的影响，我将睡眠问题作为切入点的原因是睡眠不足、持续的低质量睡眠会影响身心对悲痛的处理。睡眠有助于修复身体。在我们身心崩溃时，睡眠是能够缓解情绪、带来舒适的首选方法。

在悲伤的早期阶段，我的睡眠有其自身的规律。我经常在晚上10点钟还十分清醒，而在上午10点钟左右（刚刚起床不到1个小时）就又回到床上。直到那一年夏令时结束，我也懒得调整生物钟。在马特去世后的第一年，我发现我似乎每天都在同一时刻醒来：凌晨3点钟。

我数不清有多少次自己哭着醒来。

获得优质睡眠很重要，而悲痛重塑了你的睡眠：你要么一直清醒，要么清醒时间大幅缩减，你可能时不时陷入漫长的瞌睡。当你真正入睡后，悲痛又会自动出现，无论你有多么疲惫。有些人发现他们反复在爱人去世的时间点醒来。有些人醒来后便陷入空虚，对空虚本身的觉知正是他们从梦中惊醒的原因。许多人在半梦半醒时会抱有一种幻想，认为一切都是一场梦，结果只会在完全清醒后受到现实更加沉重的一击。

和睡眠问题做斗争的不止你一个。整日昏睡不醒和睡眠不足都是悲痛的正常现象。

你可能会发现自己需要漫长的睡眠（和其他生理需求一

样),这是完全正常的。只要情况允许,尽可能地睡觉,这有助于身体自愈,使你在生理上保持足够强壮、稳定和健康。这不是在回避或否认悲痛,这是恢复与缓冲。

如果你无法入睡或者从梦中惊醒,不要抗拒这些现象。你的身心正在处理太多的情绪。处在这样的痛苦之中,入睡是很困难的。在条件允许的情况下,尽可能多地休息,即使你无法完全入睡。

尽管人们有很多助眠的方法,但悲痛从来不按照套路出牌。

这是你的医疗团队能够发挥作用的时刻——对抗疗法和综合疗法都能起作用。请和你信任的医生沟通一下,找到能够提高睡眠质量的方法。

梦 与 噩 梦

虽然睡眠对应对强烈的悲痛至关重要,但丧恸带来的噩梦又令人对睡眠望而却步。重复出现的梦,或是反复向你传递死亡信息的梦,实际上是正常的、必要的。

我知道,噩梦很讨厌。

做梦意味着我们的大脑在对丧恸进行复杂的处理。心理治疗师詹姆斯·希尔曼(James Hillman)在书中写道:"梦告诉我们身处何方,而非具体的做法。"[2] 噩梦既无法帮我们解决问题,也不能预测未来。它们只是思维应对丧恸的表现。

然而，上述说法并不能使噩梦变得易于接受。你的整个生理系统都在拼命帮助你活下来，噩梦只是其中一个部分。尽管做噩梦让人感觉很糟糕，但它属于正常现象。

我喜欢乔恩·伯尼（Jon Bernie）推荐的方法：关注梦，将你的意识放在上面。不要陷入其中，不要试图破解或分析它。虽然他谈的不是噩梦的处理方法，但他的方法适用于做噩梦。当你因为悲痛做了噩梦时，你可以意识到它，提到它，因为这是你的思维在努力处理丧恸的表现。当你从噩梦中惊醒时，你可以反复对自己说："这是我的大脑在尝试为丧恸创造空间。"这是帮助你缓和紧张情绪的最简单的方法。

生理困境：悲痛与身体

很多悲痛者告诉我，他们饱受"神秘的"痛苦和疾病的困扰，这些困扰都可以归结于悲痛或压力。虽然我不是医生，但我可以告诉你，心悸、头痛、腹痛、眩晕等都是悲痛时期的正常现象，特别是在悲伤的早期阶段。如果你为自己的生理症状而担心，请一定咨询你的医生。虽然它们与悲痛相关，但这并不意味着它们就是悲痛的表现。马特去世后，他的病似乎都跑到了我身上：他的胃热、坐骨神经痛以及习惯性的颈椎酸痛。他在世的时候，这些毛病没有一个是"我的"。然而，发生在我身上的变化还不止于此。

翻开我在悲痛早期的日记，我惊讶地发现当时的自己有多么疲惫，肌肉酸痛、头痛、幻觉，疼痛游走在全身各处。

在最初的两年中，我至少有四次因为急性胃痛、胸痛和幻觉被送进急救室，每一次的检查结果都是一切正常。

诊断结果：压力。

压力对身体的影响是有据可依的。非正常死亡、突发的悲痛性事件、巨大的生活变故不仅会给你带来压力，还会带来其他生理反应。

在压力之下，身体做出反抗是正常现象，因为它能承受的只有那么多。

很多人都注意到，正是他们的身体（生理反应和感官知觉）提醒他们注意那个颇为沉重的日期。虽然你可能没有意识到那天是17号，但你一整天都会觉得特别疲倦，感到肠胃不适。当你看到日历的时候你才意识到，17号是她住进医院的日子，或者是你被告知她走失了的日子。

身体是有记忆的。身体什么都知道。从很多层面来说，我认为身体是承载丧恸经历的容器。只要想一想我们的身体都担负了什么，就不难理解那些崩溃、分裂以及各种压力的迹象为什么会出现了。

体 重 变 化

"天呐！你看起来棒极了！体重一定掉了很多吧。你开始跑步或者健身了吗？"

"我爱人去世了。"

"哦，是这样，不管你最近在做什么，坚持下去！你看起来棒极了!"

悲痛时期是不可能有正常的胃口的。有些人由于压力暴饮暴食,有些人(例如我)对食物彻底失去了兴趣。在马特去世的前几个月里,我的体重掉了9千克。我几乎什么都不吃,营养基本上来自茶水和少量蛋糕。每隔几天,我可能会吃上几口饭。

我是幸运的,饮食不规律没有给我造成持续的身体伤害。那段时间我的医生也在关注我的健康,她告诉我,一旦她感觉我的身体出现危险信号,她就会着手干预。每个人的生理反应都不同。有些人因为"悲痛期饮食"患上了严重的慢性疾病。由贪食和厌食导致的并发症包括肥胖、胆固醇升高、呼吸系统疾病等各种你已经听得耳朵磨出茧子的疾病。当你由于恶心停止进食,或者为了填补空虚大吃特吃的时候,身体需要消耗更多能量来维持基本的生存。

我明白你对这种情况无能为力。对于饮食异常的悲痛者,鼓励远比强迫或羞辱有效。你的身体需要能量支撑下去。你可能会发现,相比于丰盛的大餐,富含营养的少量食物更容易被你的身心接受。与其勉强自己在不饿的情况下进食,不如给自己其他选择(打个盹,遛个弯,给某人打个电话),做你力所能及的事情。

自 我 关 照

在悲痛时期,生理上的自我关照通常处于次要地位。让悲痛者关心健康饮食，主动进行冥想或者其他减压活动是很困难的。当你刚刚经历突然死亡和偶然事故时，你可能会因悲痛而忽视身体健康。事实上，照顾好身体（保证生理健康）是少数几个能缓和悲痛情绪的方法之一。你可以用几个小办法照顾好自己的身体，从而在一定程度上减轻痛苦。

请记住，爱护自己的身体是好事（你值得拥有健康的体魄）。在条件允许的情况下，尽力而为。你可以回顾第7章中的问题和试验，对照自身的情况给出答案，找到能够改善身体状态的行为模式或生活习惯，已经多次有效的方法可能会再次帮助你。如果你的身体出现了某些明显的信号，一定要及时去医疗机构咨询和检查。

悲痛与大脑：为什么你变了

马特刚去世时，我变了！

曾经我是个能够坐下来读书的人。曾经我的记忆力非常好，不需要记事本或日历也能把事情安排得井井有条。突然，我就成了一个"会把钥匙放进冰箱，忘记狗叫什么名字，记不清今天是周几，早上有没有吃饭"的糊涂虫。读书的时候，我再也无法做到一目十行，我必须反复阅读那些已经读过的句子。曾经我很擅长高深的辩论，而现在连最简单的讨论我都感到力不从心。我也算不清楚该给收银员多少零钱。

我的大脑似乎停止运转了。你有过同样的经历吗？你失去过思考能力吗？

丧偶的人经常会说"丧偶的大脑"这个词。这个词很好地表明了悲痛对认知产生的累积影响。如果你最近经历了丧恸（最近指从昨天到几年前这么长的时间跨度），你很有可能发现自己的大脑停止工作了。过去你可能非常机敏、有条理，能够同时处理多项任务，记忆力非凡、执行力强。

悲痛会彻底改变这一切。

最重要的是：你没有发疯

如果你的思维发生了变化，请不要紧张，这是正常的。

你没有发疯。你之所以感到疯狂，是因为你处于一个疯狂的悲痛时期（特别是早期阶段）。你的大脑无法像从前那样工作，这是情有可原的，因为一切都变了。你当然会感到困惑，因为你的大脑在努力赋予一个不合逻辑的世界新的逻辑。

由于悲痛对思维和认知程序的影响，你可能会对以往的爱好失去兴趣。你的能力会发生变化，记忆力和注意广度似乎也受到了影响。

悲痛会重塑你的大脑。它会夺走你儿童时期就获得的技能。它会让最简单的任务变得难以进行。过去你熟悉的事情，现在变得无从下手。它会影响你的记忆力、沟通能力和互动能力。

虽然这些完全是正常的现象，但它会令你感觉自己失去了那些极具个性的特质。

健　　忘

健忘和心不在焉经常伴随悲痛出现。你可能常常把钥匙和眼镜放错地方，从杂货店回来顺手就把冷冻食品放在洗碗机里，和牙医预约的时间明明是下周四，却在这周一就跑去诊所。

无论以前你的短期记忆怎么样，在悲痛期间它都会发生变化。忘记名字，错过约会，不记得今天早上有没有喂狗吃药，这些都很正常。记住这些细枝末节好像是一种额外劳动，你的大脑不堪重负。因为大脑的记忆承载量有限，所以那些对于生存来说不必要的事情就被遗忘了。这是大脑在进行鉴别分类。

健忘是悲痛在生理层面的"副作用"，它会随着时间的流逝逐渐好转。距离丧失事件发生时间越长，你的大脑就越会为记忆腾出更多空间，并且或多或少地重建思维的秩序。

留下一些记号和纪念物有利于记忆恢复。用便利贴、计时器和钟表来提醒自己并不意味着你无法恢复记忆。这恰恰说明，你在竭尽全力帮助大脑恢复记忆，缓解自己的悲伤。如有必要，你可以在房子里贴满用来提醒自己的东西。虽然它们不能帮你找到钥匙，但也许能帮你记住其他事情。

思维疲劳

在经历丧恸之前，你或许是一个很有效率的人。现在你几乎无法在清醒的时候完成一项工作。一想到有那么多细节需要注意，你就感到不知所措。许多人感觉自己失去了以往的能力，无法开车，也丢失了自信。

你无法像从前那样完成工作是有原因的。

你不妨这样来思考一下这个问题：假设每天你都有100个能量单元用于大脑的工作。现在，悲痛、创伤、悲伤、失落、孤独占据了其中99个能量单元，剩下的1个能量单元要负责你的一切日常活动和技能。它负责停车还有葬礼的细节。它要维持你的呼吸、心跳，还要调动你的认知、社交和情感技能。它要记住厨具应该放在抽屉里，不该放在冰柜里；钥匙被你放在浴室洗手池下面了，因为卫生纸用完了你跑出去拿顺手放在那里——大脑是不会优先处理这些事情的。

你当然会疲惫。你的大脑和其他器官一样，在这样的极端状况下努力维持你的生存。请不要按照你过去的标准来评判你当下的失误。你已经不是过去的那个自己了。

时间损耗

当你回顾过去时，你可能无法说出自己完成了什么工作。当别人问你时，你无法给出任何证据证明你完成了任何事情。请记住,在悲痛的早期阶段,大量工作是在内心和大脑中进行的内在行为,而非可以被量化的外在行为。因此,你记不住今天是星期几,或者记不得自己有没有吃饭,这些都是情有可原的。正是在这些迷茫的、看似低效的时间段里,你的身心在试图缓解你的悲痛:这像一个清醒状态下的睡眠周期。你的大脑需要暂时下线才能恢复机能。

我们再次回到了关爱身体(照顾好身体)的观点上:尽你所能关爱自己的身体,这些迷茫、困顿终究会云开雾散。请接受这个阶段的时间损耗,向它让步,而不是与之对抗,这样你才能更平稳地度过这一时期。

阅读与不阅读

我这一辈子,都是一个如饥似渴的读者。书一直都是我最忠诚的支持者和亲人,但在马特死后,至少有一年的时间,我连目录都读不进去,更别说集中注意力看完一整本书。在阅读的时候,我发现自己根本无法理解书中的观点。尽管我认识那些字,我知道自己在看什么,但我就是无法理解那些内容。一段文字我要读很多遍才明白它的意思。我分不清人物角色,感觉故事情节毫无意义。当我读到最后一句时,我已经忘了第一段说的是什么了。

每个处在悲痛早期阶段的人都向我倾诉过同样的烦恼:悲痛剥夺了他们阅读、理解和持续性注意的能力。别说像以前一样同时阅读好几本书了,就是阅读一章,甚至一页,我都有极大的情绪起伏和思维消耗。

实际上，在写这本书的过程中，我的团队和我就章节篇幅的长短产生了多次争执。我们了解处于悲痛时期的人很难进行良好的阅读和理解，因此反复推敲每个章节的长度。虽然关于悲痛的话题很多，但悲痛者吸收这些信息的能力是有限的。

无论在丧恸经历发生前你多么爱读书，悲痛都极有可能影响你的阅读能力。对此你能做的实在不多。有些人的理解能力可能会恢复，但是注意力持续时间是不可能恢复到以前的水平的。对其他更多的人来说，虽然理解力和注意力持续时间会逐渐恢复，但是他们阅读和学习的兴趣点会转向新的方向。

如果你为逝去的阅读能力感到悲伤，那么要明白，在大多数情况下，这是暂时的。要恢复（或者重建）你的阅读思维需要花费超出你预想的时间。

关 于 困 惑

悲痛影响着你的阅读理解能力以及其他能力。在悲痛初期，你的整个世界都变得奇特而混乱。我记得有一次，我在杂货店排队结账，手里握着钱，但我感觉十分迷茫。我失去了计算能力。我无法理解每张钞票的面值是什么意思。我递给收银员一大卷钞票，眼泪顺着面颊流了下来。

思维混乱和大脑空白尤其常见，就好像所有人类构建出来的产物（比如金钱、时间、规则、社会文化等）都与我们的生活无关。

会有一段时间，悲痛者被人类构建出来的产物搞得精神错乱。悲痛者可能不理解钞票面值的含义，可能无法意识到午餐时间是中午。对悲痛者而言，这些东西只不过是空洞的符号，并不存在真实的本质内涵。

悲痛把生活撕开，露出其最核心的本质。在那种撕心裂肺的状态下，你感到自己难以跨越和正常世界之间的距离。真相令人难受：你和其他人不一样，至少现在不一样。

你的世界被撕裂了。对于平常的事情，那些不悲痛的人习以为常的事情，你无法辨识其内涵，探知其意义。

一时困惑和持续困惑都属于正常现象。你会在生活中遇到不同的压力触发点（工作、饮食、睡眠等方面），这会导致你的困惑时间有长有短。这也是我们将关注身体作为出发点的原因：保证身体健康有助于减轻悲痛给思维带来的副作用。

创造新的认知路径

尽管我不是研究人脑的科学家，但我知道大脑是通过创造关系和识别定式来运转的。新的信息进入，大脑将其与已知信息联系在一起。在通常情况下，这个过程你无法感知到。

在悲痛时期，大脑必须解码悲痛创造的新现实，并将其整合进原有的思维系统。然而，所有呈现出来的数据都没有任何逻辑。此前没有任何一项活动与之类似，大脑无法将其与任何已有认知相关联。它是格格不入的。大脑无法识别和理解这个新现实。大脑还会抗拒丧恸，认为它不可能是真实的。

悲痛和丧恸创造的新现实使你的大脑无法理解外界信息，你出现了记忆缺失和思维紊乱等情况。最终，你会意识到丧恸无法被整合进原有的思维结构。大脑必须创造出新的思维路径、新的精神关联，才能使得丧恸与你身上每天都在发生的改变融为一体。

你没有发疯，你也没有崩溃。你的大脑很忙碌，它只是需要一段时间恢复机能。

最终，你会意识到车钥匙不应该放在冰箱里。

最终，你不用一遍遍重复阅读单词就能理解词义，你能再次阅读完整的句子和完整的段落。

你的心智和大脑的运作就是为适应新的经历而存在的。没有好坏之分，这只是身体的机能而已。

很多悲痛者要花上几年时间才能恢复认知技能。有些丧恸的影响是暂时的，有些事则会对你的思维造成长久的影响。要记住，你的大脑在努力赋予不合逻辑的事情逻辑。你的世界发生了天翻地覆的改变，所有那些在过去无比灵光的大脑回路在尽其所能与这个新的世界产生关联。

当你陷入悲痛，走向疯狂的时候，你的思维竭尽全力地维系着你和现实世界之间岌岌可危的一丝联系。对自己耐心点。记住，这是在压力情况下的正常反应，并不是你的问题。

你没有疯！你只是悲伤。这是截然不同的两回事。

| 试一试 |

意识到悲痛对生理和心理产生的副作用

你发现了哪些生理症状？

悲痛如何改变了你的思维方式？

如果你最初没有感受到悲伤的影响，那么之后你在适应悲痛的过程中，是怎样注意到自己思维改变的？

认同感对悲痛者至关重要。无论是从本书还是从其他渠道，当你听到的故事能证实你没有疯时，你的感受如何？

第 10 章

悲痛与焦虑
当逻辑失效时保持镇定

悲痛以一种奇怪的方式改变了你的身体和心理。认知能力不是唯一衰退的大脑功能。无论焦虑对你来说是全新的体验，还是在悲痛经历之前就出现过，它都是一个大问题。

我曾经饱受焦虑的折磨。

读研时，有一次我深夜开车回家，我疲惫的大脑凭空出现了各种可怕的幻象。我无法阻止这些幻象的出现，那时距家还有几个小时的路程。我会想象自己出门时忘记关火，房子被一把火烧光。也许现在大火正在熊熊燃烧。我的眼前闪过家里的宠物正在大火中奄奄一息的画面。

太糟糕了！

伴随着大量的自我疏导、思考，还有因为这种幻象而产生的愤怒情绪，我找到了克服恐惧的方法。实际上，我变得非常擅长转移这些情绪，擅长到我以为自己已经完全走出了悲痛。在10多年的时间里,我没有再经历那样的恐惧时刻。

在马特溺水前的几个月,我发现那些恐惧又回来了。离开家的时候我会开始恐慌,担心猫会跑出去被困在某个地方,孤独地、又冷又怕地死去。或者我家的狗会被车撞,而我不在现场,无法救它。我开始担心马特在深夜打来电话。我沉浸在负面幻想之中,无法对真实世界发生的事情保持关注。

7月初的某一天,我发现自己进入了一个恐惧的思维循环。我大声喊出:"停下!"我喊出了我无数次对来访者和自己说过的话:"担心还没有发生的事情是毫无意义的。如果不幸确实发生了,就处理它。可怕的祸事发生的可能性是很小的。即使确实发生了,你也会处理好的。"

一周之后,意想不到的事情发生了。我对恐惧的感知失灵了。那个早上没有恐慌,没有焦虑,什么感觉都没有,只有彻底的平静。当我需要灵敏的直觉去感知危险和有害的信号时,它完全失灵了。

在接下来的几年中,我的焦虑日益严重。我会幻想出越来越多的不幸事件,我爱的人突然从世间消失,我认识并热爱的每个人(包括我自己)都身处危险之中,饱受磨难,一一离去。我时刻警醒,任何预示事态恶化的风吹草动都会引起我的关注。焦虑本身是否能够预警或避免灾难并不重要。我对焦虑上瘾,并且越来越焦虑,因为我知道那些意想不到的事情确实会发生,而我对此无能为力。

我之所以讲出这段经历,是因为我知道你一定能感同身受。

对强烈的丧恸或创伤事件的幸存者来说，感到焦虑是很正常的。你陷入悲痛，全世界都危机四伏，你需要时刻保持警惕，察觉麻烦出现的征兆，提防更深的丧恸。你会在想象中预先演练，在下一次意想不到的创伤出现时，你要做何反应。

如果你在悲痛中饱受焦虑的煎熬，为了安抚情绪，或许你已经尝试过下面的方法：保持积极的思维状态，提醒自己关注身边的美好事物，坚信日常生活是安全的。然而，在你经历过非正常事件之后，这些方法失效了。离奇的事故、非正常死亡、噩梦般可怕的事件确实会发生。它们会发生在你我的身上。焦虑、悲痛和先前的经历是一个诡异的组合。你不再相信自己的知觉。极端事件是可能发生的。似乎唯一的应对方法就是时刻保持警惕。危机四伏，丧恸随时随地会出现。你必须做好准备。

问题是，持续的担惊受怕并不会帮助你获得安全感，只会让你的生活变得困难重重、压抑、痛苦。你的大脑成了一个精致的刑讯室。展现在你眼前的未来是由一连串可怕的事件组成的。因为焦虑你无法入睡，失眠又加剧了焦虑。你陷入"感到恐惧—试图恢复理智—事态恶化"的恶性循环。

焦虑令人筋疲力尽，糟糕透顶。它毫无作用，无论它叫嚣的声音有多大。显然，焦虑在风险控制和危机预测方面是完全无效的。大多数恐惧的事情都不会发生，正如我在前面所写的，在紧急事件真的发生时，我们通常来不及感到焦虑。

既然我们无法准确地预测未来，为什么我们还会焦虑？到底是什么使我们的预测看起来如此真实，如此符合逻辑，又如此令我们焦虑？

大脑把它的工作……做得太好了

事情是这样的：我们的大脑就是用来想象危险情境的。我们的大脑会居安思危，这实际上是非常聪明的做法。我们会预演情境以评估风险，计算出在特定情境下如何反应，思考出生死问题的对策，这样一来，我们就不必在身体脆弱时冒风险。在人身安全没有受到威胁的前提下，我们的大脑会给出日常问题的应对策略以减轻身体承担的压力：你全面地思考某个问题，找到解决方法，使事情变得容易可控。

大脑是人体内置的"问题–解决"模式下的生存机制。

当危险切实发生时，大脑会释放大量激素帮助我们快速逃离。神经系统的灵敏度会增强。运转正常的健康大脑要么帮助我们逃离危险，要么帮助我们对抗威胁我们安全的风险。当危机结束时，身体会自动恢复到非焦虑和低压力的平静状态。

当我们想象压力、危险或有威胁性的场景时，大脑也会释放出激素并导致"战斗或逃跑"的应激反应。有时候，想象一个真实存在的潜在危险是有用的。问题在于，当我们经历了真实的危险场景后，大脑总是会过度使用强大的想象技能。每次我们想象各种可怕的潜在危险，幻想世界末日等各种可能性时，我们都是在告诉神经系统危险切实发生了，从而使它释放能够帮助我们逃离危险的激素。你无法逃避想象中的危险，因此压力激素不可能消失。你想象的危险越多，你的身体越会进入防御状态，永远无法恢复到"平静和放松"状态。

我们逼迫大脑过度工作，试图保证自己的安全。

这就像狗舔身上的痒处，越舔越痒。恐惧思维会引发大脑的应激反应，进一步导致身体进入防御状态，加深我们对未知的恐惧，使我们陷入恶性循环。

这正是你无法开解自己的焦虑的原因，也是为什么你永远有解决不完的麻烦：你的思维陷入了自己创造出的恶性循环，不停地制造出新的威胁，给大脑出难题。

想象危险以获取安全感

如果这种思维模式既低效又可怕，为什么我们难以自拔？这不合逻辑，难道不是吗？其实，在任何一种焦虑当中，我们都在寻求安全感。无论是生理上的还是情感上的，我们都想要感到自己是安全的、被关照的、不会被抛弃的、不会缺少爱和保护的。思维会创造剧情，通常会反复创造"我们是不安全的"或者"我们被伤害了"的剧情，因此我们会去寻找一些情节和证据来证明自己是安全的。

从一种奇特的角度来说，这种反应是可以理解的：你的头脑中有一个声音在说"我害怕"，你的大脑随之释放了大量激素并创造出一系列图像，来帮助你寻找安全感。你有过极度不安全的体验,当这个恐惧得到缓解之后,你的大脑会继续形成新的恐惧,以刺激激素的释放,获得安全感,这是一种失控的生存机制。

在经历了死亡或剧烈的丧恸之后,"安全"的概念在你大脑中变得模糊了,你处于失控状态,陷入焦虑。过去你坚信恐惧的事情是不可能发生的,而现在你的信念被完全颠覆了。你会怀疑那些统计学上概率很低的疾病和事故是否真的不会发生。一个小时前你见到的人并不一定现在就安然无恙。当生活中日常的安全感被剥夺以后,你该如何再次获得安全感呢?

焦虑本身没有错,只能说它无法让你产生安全感。我要说的是:无论焦虑让你感觉如何,幻想灾难消失并不会使你感到安全,反复向他人确认他们是否安全并不会给你带来持续的安全感。

缓解焦虑的短期方法

焦虑是一种失控的生存机制,并不是你喊停它就能停止:当你否认恐惧时,它只会变得更嚣张。你不能在一个基于恐惧建立的系统中使用逻辑,你也不能将每一个你爱的人都关进安全气泡里,时时刻刻让他们处于你的视野范围内,这是不现实的。与其压抑恐惧,或者拼命让周围环境变得安全,不如提升你的内在安全感。

如果你正在阅读本章,那么我有理由假设你正在经历焦虑。在极其焦虑的时期，做本章后面提到的一些复杂活动可能不会有很大的帮助。那些方法虽然能帮助你稳定思绪，以免你迷失在焦虑之中，但无法缓解焦虑。如果你已经身处焦虑的恶性循环中，平复思维并关爱自我能够在短期内对你有所帮助。

平复系统

记住，焦虑是基于大脑运作的，神经系统向想象中的危险做出的反应。它并不符合逻辑，是生物意义上的反应。对创伤和生物神经的研究都表明，在焦虑严重的时期，调整呼吸能够平复神经系统。虽然我完全可以用脑科学的前沿术语把你说得晕头转向，但我不必这样做。你只需慢慢呼气即可。这能舒缓你的神经系统，使其停止释放压力激素。

当你感到焦虑时，就放慢呼气的速度，让呼气的时间比吸气更长。

就是如此简单。这是一件好事，因为当你感到恐慌时，一个简单的动作远比一大堆复杂的干预操作容易得多。放慢呼气速度能够缓解焦虑系统的应激反应，把关注的焦点放在呼吸上能使你稳定心神，而不是被一个接一个的恐惧追着跑。这种方法的好处在于它简单易行：你只需慢慢呼气即可。

处在急性焦虑期（你的大脑充斥着恐惧），你可能会考虑用我们在第 8 章中提到过的安抚情绪和稳定心神的训练。配合呼吸法使用，将有助于你的身体和大脑恢复平静。

身心平静的状态有可能会使你对危险放松警惕，这种想法会让你感到恐慌吗？

请记住，平复焦虑情绪与意外的发生没有任何关联。平复焦虑仅仅与焦虑本身有关。极度恐惧会让你无法面对现实，并且阻止你享受当下的幸福。焦虑还会耗尽你的能量储备，让你入睡困难，整个人感觉很糟糕。我不希望这些事发生在你身上。

你还可以练习延长呼气。你不需要做深呼吸，只要让呼气比吸气时间更长即可。试一下，看看它的效果如何。

克服焦虑的长期反应

你在被焦虑裹挟时能做些什么，这是很重要的问题。当你被焦虑侵袭时，有用的做法是让自己平静下来，而不是去调查背后的原因。你需要通过一些练习，把自己面对生活变故时的态度和反应从焦虑转变为一种更加平和、镇定的状态。你可以通过一些方法避免生理和精神系统轻易落入焦虑的惯性思维。要减轻焦虑的频率和强度，你要做到这三点：①学习相信自己；②用积极的思维画面代替想象中的灾难场景；③寻找一个中立地带（既不否认危险，也不屈从于失控的焦虑）。

假设一种有技巧的反应

焦虑是一种人们自己"制造"出来的情感状态，它与真实情况并无关系。想象中的负面未来会助长焦虑。如果你一直想象着未来会出现一些问题，大脑就会随之提供想象性的解决方法。因为不同的问题有不同的解决方法，所以焦虑中的大脑会试图设想出所有可能的情境（"如果……那么……"），尝试逐一解决这些问题。在不断寻求安全感的过程中，大脑可以自行解决问题。

举一个例子：我有一位睿智的、聪敏的、淡定的、勤奋的来访者。在她的丈夫去世后，她开始为琐事纠结——要不要换工作，要不要去旅行……她可能整晚无法入睡，因为担心没有关好暖气。如果关好了，那么它能正常运行吗？如果它失灵了，那么会发生什么？烟雾报警器有没有失灵？壁炉会不会突然爆炸？一个接一个地，她的大脑中出现新的问题。解决了一个，又冒出一个新的。

这就是焦虑问题的难点所在：你永远无法在想象中穷尽所有潜在的危险。与其不断在脑海中上演灾难现场，为每个可能的意外想出解决方案，更有效的做法是：相信自己。面对大脑中出现的各种挑战，你可以说："我相信自己能够解决房子里出现的任何问题。如果有我不知道如何解决的事情，那么我相信自己能够向他人寻求帮助。"

自我信任是很复杂的话题，无论如何，你都有大量的成功案例可以借鉴。你要相信自己能够面对各种各样的挑战，你没有理由质疑自己解决问题的能力，或是向他人寻求帮助的能力。

还有一个事实是，扑灭想象中的大火并不能帮助你为真正的火灾做好准备。如果你对某些具体的事情感到焦虑，那你可以试着寻找一些方法来降低事情发生的风险。你可以采取一些切实可行的措施，比如更换烟雾报警器的电池、晚上锁好房门、骑车时戴好头盔。用具体的行动来对抗你的恐惧，而不要成为恐惧的俘虏。如果你没有切实的需求，就不要想象灾难情节。

与其无事生非，不如告诉自己：现在，据我所知，一切正常。面对任何问题，我都相信自己有做出反应的能力。如果有我力不能及的事情，我相信我会寻求他人的帮助。

全面的自我信任远比疑神疑鬼、草木皆兵的恐惧思维更能提高你的安全感。假以时日，通过训练，你能够从自我崩溃调整为自我安慰。

◼ ◼ ◼

"然而，"你可能会说，"我真的失败了！"当悲痛降临时，自我信任变成了不可能完成的任务。面对事故、自杀、胎死腹中以及其他丧恸，自我怀疑是很正常的。没有帮助的做法是无休止地自我折磨。你可能做错了一些事情。或许在当时的情况下，就你所掌握的信息，你已经做了一切能做的。或许丧恸与你错过的任何事都无关，你也无法改变事情的结果。

无论现实中发生了什么，在担忧、后怕中度过余生都于你无益。一直陷在焦虑之中只会使你筋疲力尽，丧失对现实的洞察力和随机应变的能力。

平静的思维和获得充分休息的身体是分析问题、合理应对问题的最佳武器。无休止的质疑、吹毛求疵和羞耻感对你毫无用处。

想象可能发生的最好的事情

"哦，好极了，"你可能会这样想，"现在我必须为我的焦虑程度感到焦虑了，因为担忧灾难只会让一切更糟，并且会在紧急事件发生时降低我的效率。"

是的，焦虑就是这样的。它会不断扩大。

还有一个广为人知的文化观念是：意识创造现实。大量的心理自助类图书和伪大师告诉我们，如果我们对周围环境稍加关注，更注意细节，我们就不会落入糟糕的境地。如果我们正在经历艰难困苦，那都是我们自己的想法造成的。很多文化观念是支持焦虑的，例如"怕什么来什么"，所以我们最好凡事往好处想，如果事态恶化，只能说明是我们自己的问题。

"你的现实是自己创造的"这种说法显然是错误的，而且对悲痛者来说非常残忍。许多人会对不幸的发生感到内疚，既因为爱人的去世，也因为无法合理得当地应对悲痛。尽管这句话或许有一丝道理，但总体来说它是一句彻头彻尾的胡话。虽然你的思维会影响你如何应对现实，但它并不能创造现实。

尽管你能做很多事，但你还没有那么强大。你不能抛开现实去幻想死亡、健康、丧失或悲痛。你的丧恸不是思维创造出来的。你持续的焦虑也不会制造更多的丧恸。不再焦虑不会为你招致更多丧恸，保持警惕也不会使你免于伤害。

如果思考就可以保你安全无虞，那么就没有人会感到悲痛了。如果仅凭思考就可以避免疾病、事故或痛苦，那么这些不幸将不复存在。魔幻的思维无法操控现实。

你的思考方式会影响你对自我和外界的感受。与思维合作的最好方式就是控制住想象的巨大能量，这一点尤其适用于想象出的灾难场景。做到这一点才能让你迈向自己想要的未来。从根本上说，我希望你把思维能量用于好的方面，而不是助长焦虑。如果你必须想象什么事，那么请试着想象可能产生的最好的结果，并朝着好的方向行动。原因并不是这么做能影响什么，而是这么做会使你此刻的生活好过一些，而这正是我所希望的。

如果你害怕，或者可能在观察事态的发展，那么你就要决定自己如何设想象整个事件的走向。如果还没有任何事发生，就用你的大脑去想象一些美好的事吧！

用思维去创造一种内在的平静，秉持满怀希望的（或温和的）乐观主义，这才是你的思维能够做到的事。

寻找中间地带

要控制甚至是转化焦虑的关键不是寻找安全地带，而是寻找中间地带。我们需要消除疑虑。我们都需要安全感，而生命从本质上来说就是不安全的。下一刻会发生很多事，有的美好，有的可怕。要与现实共存，我找到的唯一方法是告诉自己："尽管现在我不安全，但我也没有身处危险。"每一刻我都保持中立。

这种中立就是东方传统思想以及一些早期西方传统思想所说的超脱的平静状态。处于这种状态的人们既不会预演灾难，也不会否认生命的风险。

在任何时候，坏事和好事发生的可能性都是一样的。我们可以通过训练让自己保持平静。特别是在悲痛早期，我们要经历一个阶段和过程才能说服自己：这件事不好，也不坏，这个地方既不安全，也不危险，就在这里，现在，这一刻，保持中立。在中间地带，你能呼吸，有自由的空间。古代哲人告诉我们："活在那个中立的点上。"这不是无论怎样都不在乎，也不是凌驾于一切之上的自负。中立的思维要求我们看到当下的局面、当下的环境，看到不加修饰且没有幻想的真实情景。埃克哈特·托利（Eckhart Tolle）说："焦虑利用你的想象创造了一个你不想要的未来。"我们要避免这种情况。

如果你感到不安全，请训练自己保持平静状态。这是一个比恐惧稳定得多的状态。

对焦虑问题的更深刻回答：你究竟需要什么

焦虑往往与羞耻感共存，我们经常假装自己不焦虑。然而，假装自己不害怕并不是有效的做法——这会影响你的人际关系，还会导致你非常忐忑。隐藏焦虑只会让它的影响转移到其他方面：你出于焦虑而行动，并非为了应对焦虑而行动。

我们再次回到"承认问题存在"这个最强力的良药上。说出心中的顾虑（例如"现在我觉得不安全"或"我担心我的狗会死"）会使事情有所改观。焦虑感会减轻，你会放松对外部世界的掌控。

说出真话能让你放松下来，问问自己到底需要什么。当你发现你在想象灾难场景时，请对自己说真话"我担心会有更多丧恸"，请延长你的呼气时间，问问自己你真正寻找的是什么，这一刻你需要什么？可能的回答有：舒适感、归属感——任何能够使你建立起更真实的安全感的事情，而不是某个具体情境下的反应。

如果你需要确保自己和爱人的安全，那么除了预演灾难或是无休止地确认爱人的安全，你还有什么方法呢？可能你需要更多关于某个场景的信息，或是请求他人的安慰，而不是控制你的恐惧。

如果你在外面，想象你的孩子或宠物的安全受到了威胁，你感到害怕，那么也许你需要回家去确认孩子或宠物的安全，而不是忽略焦虑。对自我的善意还有另一种形式。焦虑经常因为睡眠或饮食问题而愈发严重，你可以把焦虑看作要保养身体的信号。

和世界上的许多事情一样，焦虑的解决方法，没有唯一的正确答案。重要的是，你要问问自己："我现在需要什么？我怎样才能更好地满足这些需求呢？"

你不会永远得偿所愿。询问自己的需求，采取最可能起效的手段去满足这些需求，能实实在在地让你获得安全感。作为应对焦虑的长期方法，讲出心中的顾虑、询问自己的需求是非常有效的做法。这种方法能够填补其他方法的空白。

俗话说"与其用羽毛铺地，不如自己穿鞋"，你无法操控世事去抵御丧恸。安全感是你为自己争取的权益。你需要透过恐惧的表象，倾听自己内心的真实需求，并对其做出回应。你的安全感有赖于你的内心，有赖于你对自己的关照，有赖于你如何想象这个世界。

请走近自我，尤其是焦虑、恐惧和可怕的那些部分，带着爱和尊重走近。焦虑是正常的。这是大脑试图重建丧恸后的思维秩序的一种方式。你的大脑在努力满足你对安全感的需求。你要尽全力在可能的情况下安抚你超负荷工作的大脑，告诉自己对恐惧的真实感受——询问、倾听、回应自我。无论发生什么，你都要照顾好自己。总而言之，善待自己。作家莎朗·莎兹伯格（Sharon Salzberg）说："你值得自己的爱和关心。"

| 试一试 |

焦虑地图

我的焦虑有规律可循吗？焦虑在何时更加强烈？有哪些会导致焦虑加重的早期预警症状？

如果你不确定什么会触发焦虑，你可以尝试把那些使焦虑加重的情境记录下来。同样重要的是，当焦虑减轻或者消失的时候，记录下当天的情况。看看那天发生了什么与众不同的事情。

　　当你对某个特定情境感到焦虑时，问问自己在恐惧时的真正需求是什么。我们都有渴望沟通、安慰或稳定的需求。你有哪些需求？有什么更有效的方法能满足这些需求？

　　在你和焦虑的互动中，如何做到善待自己？

第 11 章

艺术与这一切有什么关系

我想告诉你艺术创作是一个治愈的过程,不论你是否从事创作,艺术都有治愈力。然而,我是个糟糕的说谎者。

我必须诚实面对自己的人生才能着手创作。在悲痛早期,我无法进行任何艺术活动。在很长一段时间里,我憎恶文字和写作。我憎恶所有创意活动,即使我需要它们。

我在前半生既是作家,也是视觉艺术家。在爱人离世之前,写作和艺术是我职业生涯的重要组成部分,我经常听到别人说我有多么幸运,因为我可以把自己的经历融入创作,因为我可以把爱人的死亡转变成礼物赠予他人。

就好像我丈夫突然离世的这场丧恸,会因为艺术创作的活动而得到某种升华。就好像我的不幸、他的不幸,是为了艺术创作付出的代价。

我们有一个先入为主的文化观念,即我们应该将悲痛化为创作灵感,从而最终消化悲痛。这个观念认为真正打动人的是你内心深处化悲痛为艺术的感召力。当你开始艺术创作，在痛苦中将精力转向创意表达的时候，实际上，你就在自我治愈。创造力是一种将痛苦转化为其他情绪的方式。如果你创造出的作品足够优秀，它就能够帮助他人转化痛苦。至少，艺术和写作能够安抚你的情绪，让你更快接受丧恸的现实。

然而，这种观念只会帮倒忙，它曲解了艺术创作，同时伤害了你。

我们需要艺术，需要创造。时至今日，它们仍然是我生命中重要的一部分，我不想过没有艺术创造的生活。我的大量作品都从悲痛中汲取了灵感，显然，我并没有抛弃艺术创作。然而，历经丧恸后创造出优秀的艺术作品，既不是一场交易，也不是一种疗法。

痛苦不会被艺术消除。艺术创作不是用来交换新生活的交易，并且根本不存在这种交易。无论你在痛苦中或根据痛苦创造出了什么，无论这个作品多么美丽、多么有用，它都不会消除你的丧恸。创作不能解决任何问题，艺术不能改变现实。

艺术创作与伤痛之间的关系是很复杂的，阅读完本章你会发现，让处于悲痛中的人练习艺术创作也是个复杂的话题。

> （艺术创作的）秘密在于，我写出来的文字会拉近我与你的距离。这如同超然世外翩跹起

舞。这让我想到贾拉鲁丁·鲁米（Jalaluddin Rumi）的爱情诗，讲述的是他与神秘存在之间的关系。借助语言，爱清晰地显露出来，升华为某种更神圣的存在。这个秘密太绝妙了，写作拉近了你我之间的距离……我用语言为你着装，使你从混沌中现身。

克莉丝·格洛因（Chris Gloin），
"写出你的悲伤"工作坊学员，
写给去世的丈夫比尔

既然如此，为何还要创作

如果创造活动不能缓解悲痛，那为什么还要这么做呢？因为参与创作使我们的大脑和内心得以运转。

和爱一样，痛苦需要被表达出来。人类的大脑会自然地进行创意表达，因为我们生来如此。我们是讲故事的生物，我们用艺术和故事帮助我们理解世界，尤其是在荒谬离奇的事情发生的时候。我们需要故事来引导我们走进全新的生活。我们需要创意行为来见证现实——将痛苦反映到自身。外界常常不愿聆听你的痛苦，这时候，一张纸或一块画布是你理想的陪伴之物。

当我们把艺术创作从解决问题或修补残缺的心理需求中分离出来时，它就成了我们的盟友，成了一种抵挡悲伤、减轻痛苦的方法，即便它不能对痛苦本身做出任何改变。

艺术创造还能帮助你加强和失去的人或物之间的联系。虽然死亡不会终结关系，但会改变它。写作、绘画和其他创造行为能够让过去的对话在丧失之后延续到未来。我们创造的故事是爱的延续。

有时候，创造行为能让我们再次与世界产生关联和共鸣，以一种新的方式重获新生。痛苦的确会加强我们与他人之间的沟通，甚至使我们结成联盟。如果没有表达极度痛苦的需求，我们就不会看到凯绥·珂勒惠支（Käthe Kollwitz）这样的艺术家，也不会有毕加索（Picasso）的《格尔尼卡》（Guernica）。我们也无法通过作家 C. S. 刘易斯（C. S. Lewis）、谢丽尔·斯特雷德、克莱尔·比德韦尔·史密斯（Claire Bidwell Smith）和艾米丽·拉普（Emily Rapp）的文字感受到自己的痛苦。我们从同类的陪伴中获得平静，这些人和我们一样，在时间的长河中与丧恸共存。

> 我通常无法用文字表达我喉咙的肿痛、胃里的绞痛，还有强忍眼泪导致的头痛。文字是有局限的，而痛苦似乎无穷无尽。既然如此，表达又有什么意义？尽管文字不是完美的工具，它常常令人失望，但文字能够在我和另一个人之间建立一种联系，而这种联系对我来说很重要。
>
> 当你与某人心意相通时，他能理解你，他会明白你说出的话只是"冰山一角"，在冰山之下还

> 有更多情感、遗憾、梦想和回忆。在过去的 35 年里,我和赛斯一起造了一座连通我们的桥,那是一件艺术品。我难以想象和别人再造一座这样的桥需要多大的勇气。头脑中刻薄的那部分自我说,别想了,文字不可能治愈你、赋予你力量,让你重新和外界建立联系。爱做白日梦、满怀希望、爱讲故事的那部分自我则向着那座桥迈出了脚步。
> ——凯西·托马斯·罗森(Kathi Thomas Rosen),
> "写出你的悲伤"工作坊学员,
> 写给死去的丈夫赛斯

练习艺术创作能够让我们在难以承受的悲痛中获得精神支持,暂时忘却痛苦。虽然本章中提到的创意活动不能治愈你,也无法让你失去的人或物失而复得,但它能帮你找到一条面对生活的路,让你继续活下去。艺术创造能帮助你讲述真实的故事,能以一种特别的方式减轻大脑和心灵的痛苦。艺术创造能帮助你与所失去的人或物保持联系。艺术创作能帮助你在痛苦中找到同伴。虽然它不能改变现实,但它能使情况有所改善。

> 你探索,你摧心裂肺、伤筋动骨、绞尽脑汁,唯有如此,灵感才会降临。
> ——安妮·狄勒德(Annie Dillard),
> 《写作人生》(*The Writing Life*)

关 于 写 作

最近的研究显示,进行至少 10～15 分钟的创意写作能够有效降低皮质醇(人体内的"压力荷尔蒙")总量。研究报告还提到了其他有关控制情绪、增加乐观情绪和减轻敌意的方法。我认为至少可以得出结论,写作能减轻身体内部的压力状况,并帮助你度过丧恸期。写作能够缓解悲痛、舒缓压力,调整身体机能(参见第 9 章)。

所有创意行为(包括写作)都能够帮助你说出自己的故事,从而减轻痛苦。

马特去世的时候,我几乎放弃了一切,除了写作。然而,我写作不是为了治疗,不是为了与他人沟通,也不是为了寻找平静或者解决问题和接受现实之法。我之所以写作,是因为无论我面前有没有纸和笔,我都文思泉涌,我要把这些想法记录下来。

在最初的一段时间里,写作是我与马特沟通的方式,我用这种方法继续我们戛然而止的对话。只有用这种方法,我才能记录下转瞬即逝的平静状态和爱的时刻,我才能在难以忍受周遭环境的时候,重新活过来。我同样会记录那些黑暗的时刻。我可以把任何事情写在纸上,一切都可以得到表达。

最近我在听一个广播,主持人说,顺着文字,作家可以把一切经历两遍:第一遍是事件真实发生的时候,第二遍是他用文字把事情记录下来的时候。为了写这本书,我重新打开了尘封的记忆,以及我在悲痛早期写的那些日记。在日记里面,我找到了一张通往过去的"地图",上面布满了爱与痛的印记,它们是那段时光的标志。写作能为你画出一张地图。那是一张关于悲痛与爱的地图,上面有一条详细的路线,指引你回到过去。

> 失去柯尔让我发现自己的情绪释放机制失灵了,我无法通过发泄强烈的情绪获得平静。哭泣并不能使我好过,在空房子里大喊也没有用,和我的咨询师多次交谈也无果。
>
> 然而,写作没有让我失望。当其他方法都失效的时候,写作始终发挥着治愈的作用。我的情绪依然带着"锋利的刀刃",但写作似乎让它们钝化了,让它们不至于随着每次呼吸都刺痛我。这一切都要感谢写作。
>
> 珍妮·塞勒斯(Jenny Sellers),
"写出你的悲伤"工作坊学员,
写给死去的丈夫柯尔

写出真相(独自一人或集体)

几乎从"悲伤避难所"项目诞生之时,我就为悲痛者开设了写作课程。我不能保证写作会使任何人情况好转。正相反,我要求学员完全跳进痛苦之中,不设限也不设防。

当我问学员写作如何帮助他们度过悲痛时，他们说，写出丧恸的真实感受是帮助他们挺过来的方法。我们对悲痛有这么多的审视，这些想法甚至已经根植于我们的内心和头脑。我们被完美驯化成对疼痛保持沉默的群体。写作让你畅所欲言，让别人来倾听你的心声。

> 写作或许不能治愈悲痛，但它是帮我活下去最重要的工具，是我表达痛苦的方法。我已经沉默地背负着痛苦过了15年，写作使我结识了一群拥有不羁而美丽灵魂的人，他们尊重这种对悲痛的表达，同时无惧悲痛本身。写作既无法扭转乾坤，也不能让时光倒流，更不能改写历史或者带回我死去的兄弟。它不能消除悲痛或者突然使一切都变得"不错"。
>
> 虽然写作没有完全治愈我，但它使我开始接纳自己的经历还有破碎的心。在这段时间里，我总是默念："唯一的通关方法就是走过去。"这是写下悲痛带给我的好处。它是我表达悲痛的手段。这个过程有治愈的力量。无论我的文字多么沉重，它们从来不会离我而去！
>
> 格雷斯，
> "写出你的悲伤"工作坊学员，
> 写给死去的兄弟

学员已经无数次向我证明了真实地说出自己的故事这个方法所蕴含的力量。你不必文采斐然，甚至不必书写规范。通过写作，悲痛与爱、恐惧与陪伴在你的生命故事（真实的故事）中交融。你可以独自写作，或者找个地方与他人分享这些文字。最重要的是讲真话，无须抱歉，也无须感到自责。

文字或许是渺小的，但它们承载着你的内心。

| 试一试 |

让悲痛发声

即使你不认为自己是个作家，也请你尝试一下写作。在本书中，你会发现各种写作练习和帮助你下笔的提示。下面我还要介绍一种方法。请用计时器计时 10 分钟。你可能会把提示问题抄下来，或者一遍遍地写着"我为什么要写这个"，不断地写，直到计时结束。之后，在你写的句子下面划出一条横线。在这条线下面写几句话，写出你在看到提示问题之后，下笔写答案的心情。[1] 如果你的悲痛情绪没有得到缓解，那你感受到有任何变化发生了吗？在你写作的过程中，你发现了什么？

提示问题来自"写出你的悲伤"工作坊。我要求学员写出他们最喜欢的提示问题，下面这个提示问题是最受欢迎的。

如果你在写小说，主角的声音是什么样的，他们怎样走路，吃什么食物，梳怎样的发型？他们需要真实感。从某种意义来说，悲痛也是一个角色：它有声音和节律，并且它是独属于你的。如果我们要与悲痛共事，就要知道它是个怎样的"人"。

我们要做的是赋予悲痛声音。一旦有了声音，它就能告诉我们一些事情。你可以把这个练习想象成邀请你的悲痛做一下自我介绍，示例如下。

悲痛摇摇晃晃地走到角落里，一屁股坐下来，左手拿着一瓶酒，额头上满是灰尘。

她呜咽着，双手从我看不见的东西上划过。我走近她，她抬起头，睁着惊恐又清澈的眼睛看着我。

"你想要什么？"她边整理连衣裙边问道。

她轻柔地拍打身上的尘土，说道："你最想要的是什么？也许我有，也许我把它放在什么地方了……"

如果你的悲痛是一个能够走上台来开口讲话的人，他会说什么？请不要告诉我们，让他说。请从悲痛的视角来写作。要做到这一点，你可能需要在开始的时候花几分钟让自己平静下来，闭上眼睛，做几个深呼吸。想象你将自己置于宇宙的中心，拿起笔或者把手放在键盘上，深吸一口气，在呼气的时候，想象自己向痛苦提问："你是谁？告诉我，你是谁……"

> 我的文字不会消失，它们将永存于世。我会打造一块坚硬的巨石，用刻刀继续雕刻我的形象——一个失去了孩子的母亲。我会带着慈祥的母亲形象温柔地刻下文字。我要把这些爱之沟壑刻进生命。
>
> 此前，那些吟诵死亡的话对我来说是陌生的，而现在，我可以用母亲的唇舌把它们用我的话唱出来。那是我对儿子发自肺腑的爱。我死去的儿子！我那还没出生就死去的儿子！这些是我要说的话。这是我的真心话。我的儿子死了，我爱他。
>
> 卡莉（Carly），
> "写出你的悲伤"工作坊学员，
> 写给死去的儿子泽菲罗斯

超越文字：图像小说

我笔下的马特形象生动、气质超凡，这让我母亲以为我会创作一本关于他的图像小说，书名都起好了，叫《宇宙先生》。小说描写他离开尘世后的冒险经历，在外太空的某个星系里盘旋……

图像小说包含带着奇幻色彩的创意元素。虽然我没有尝试过这种题材，但它绝对在我的尝试榜单上。一个讲述黑暗故事的图像小说听起来太适合我了。

如果你想尝试创作图像小说，下面有几个例子供你参考。作家、艺术家安德斯·尼尔森（Anders Nilsen）在未婚妻谢丽尔患病去世后创作了《不要去我到不了的地方》(*Don't Go Where I Can't Follow*)和《终点》(*The End*)，讲述了他在经历爱人去世后的生活。《你像一道闪电，划过我生命中最黑暗的夜晚》(*Rosalie Lightning: A Graphic Memoir*)是汤姆·哈特（Tom Hart）在两岁的女儿罗莎莉突然去世后创作的图像小说。我最喜欢的一本讲述悲痛的书是迈克尔·罗森（Michael Rosen）的《伤心书》(*The Sad Book*)，由昆廷·布莱克（Quentin Blake）绘制插图，这本书既没有美化悲伤，也没有赋予丧恸某种浪漫色彩。它仅仅是作家在他18岁的儿子埃迪去世之后，对自己情感的记录。

如果你无法创作一本纯粹的图像小说，画一些素描也是不错的选择。有时候，图画远比文字确切。无论你的表达方式是什么，都不要害怕暴露出内心的黑暗。这是你的生活——你的艺术创作会真实地反映你的生活。

拼 贴 画

有时，我无法驾驭文字，在马特去世之前就是如此，在他死后更是这样。文字有时让人苦恼。语言太渺小了。虽然写作是创意活动，但它需要使用大脑中负责逻辑和理性的部分,而用逻辑和理性并不能很好地表达深刻的悲痛情绪。

在悲痛早期,有时候我会用笔狠戳日记本,为文字的局限感到沮丧。令我失望的是,文字已经被我抛弃。更让我愤怒的是,我竟然试图用音节和句子来表达不可描述的悲痛。

为了把大脑从文字的牢笼中解救出来,我经常会求助于制作拼贴画这个老办法。撕开杂志,剪下文字和图片,再把它们拼凑成新的、只属于我的东西,这个过程的确会令我产生快感。和我们接下来要探讨的重拼诗一样,拼贴画运用各种形象来创造一个新的故事,这会给人带来极大的愉悦感。我一直这么干。入迷的时候,我每天都做一幅拼贴画,把它收在一个小小的速写本里面。把它变成每天必做的活动有助于我理解自己的位置,体察自己的感受,把那些我不屑于写下来的事情记录下来。因为我借用的是别人的意象,所以我不必费神从零开始。

作为日常的自我检查,做拼贴画是个绝妙的活动:无须文字,无须思考。你可以把拼贴画当作一种自我审查的方法,在悲痛的旋涡中保持中立。这种方法能使我承认现实,承认此刻的真实(无论此刻发生了什么)。

| 试一试 |

拼贴画

找一些杂志和报纸、一把剪刀、一瓶胶水,还有一大张厚的素描纸。我更喜欢杂志的铜版纸,它上面的照片比文字多。大家不必为此专门买杂志,在分类广告网站上找找有没有人免费赠送杂志，或者清晨在社区里走一圈翻翻回收箱。我喜欢用小的裁缝剪刀，我常会做精细的裁剪。不要用打印纸那样太薄的纸，胶水和贴纸会把它的表面弄得皱皱巴巴。你可以专门买一本速写本来做拼贴画。

翻翻杂志，挑出那些吸引你的图画，让思维在纸张间自由漫步。你会时不时地被一篇文章吸引，这是正常现象。不过，请尽量把自己从文字叙事中拉出来，把注意力集中在图片上。

你可能会用大一些的图片做背景，再找几张自己喜欢的小图片。尽管有些图片让你感到不舒服，但你仍会把它们剪下来放在一边。上述操作都不必有意义，也没必要把做拼贴画做成一门艺术。你喜欢什么就把它剪下来或者撕下来。一旦想好布局，你就可以着手在纸上对图片进行排列组合。找到背景图片或者大一点的图片之后，你就可以开始粘贴了。

记住，你不需要赋予拼贴画意义或者做出一幅漂亮的作品。图片本身就决定了最终成品的效果。如果你发现自己开始完美主义般地吹毛求疵，那么请试着给自己计时。在计时结束前做成拼贴画的紧迫感会帮助你下意识地做出决定（挑选和排列图片）。在制作拼贴画的过程中，下意识的决定就是好的决定。

重 拼 诗

如果你更倾向于文字表达，或者想在你的拼贴画中加入一些文字，那么你可以选择创作重拼诗。

| 试一试 |
重拼诗

你可以找一张报纸或者其他任何印刷品——一本书、一张宣传单、一份商品目录等。电子文本效果会差一些。打开一张写满文字的纸，上面不要有图片。你可以找一只荧光笔或记号笔。请闭上眼睛，做一个深呼吸（尽可能深地呼吸），然后缓缓扫视这张纸，随机划出一些词句。

不要只局限于某一篇文章或专栏去摘选词句。你可以从头到尾随意浏览、选择。如果你感觉可以了，就把划线的词句写下来。你可以重新排列组合这些词句，或者就按照原本的顺序把它们写下来。多试几次，你会发现惊喜。

重拼诗没有主题。如果你感到被悲痛压垮或是崩溃，你可以试着用这种方式创作一个荒诞不经的故事。你可以用不同颜色的笔来写不同的故事。像玩游戏一样，看看你会发现什么。你还可以把重拼诗放到拼贴画中：完成你的拼贴画，然后为它创作一首重拼诗。

请把拼贴画和重拼诗看作试验。创作关于图画或文字的拼贴作品能改变你的感受吗？在做这些事的时候你有哪怕一点儿呼吸的空间吗？它们能安抚你狂躁的大脑吗？有些人在完成这些活动之后，仅仅是感到平和、放松了一点。

和第 7 章中的有益思维与不良思维试验很像，用拼贴画和其他活动来打发时间能给你带来一些信息，让你知道自己是"如何承受丧恸，如何用尽可能多的善意来对待自己"的。有时候，最好的评判标准是这样的：这件事不像大部分事情一样糟糕。如果你必须做点什么或者你要被思虑过度压垮了，那就借用一会儿别人的文字和图像吧！

摄影、雕塑、编织和料理艺术

人类的创意方式成千上万，我主要关注的是写作和绘画。对于任何使你感到舒适的活动，你都可以尝试。我曾经醉心于雕刻艺术。我认为，和黏土打交道是世界上最有创意、最能宣泄情绪和治愈心灵的活动。我的很多朋友在爱人去世后开始尝试摄影。有些人沉迷于编织或其他纤维艺术。至少有一个人在亲人离世后将创作激情投入到食物上，创造出精致的食物喂饱他人。

在悲痛期，无论你做什么，都要记住这是你的选择。没人有权利点评你的艺术作品，或者要求你应该从中获得平静。创意探索的目的是陪伴悲痛的你，而不是解决问题。它就像一面镜子，映照出你内心深处最真实的样子。

未完成的作品

所有创意活动都能帮助你认识自己当下的生活和内心。对有些人来说,无法拥抱悲伤似乎是一件糟糕的事。通过纸上的文字和图像(写作、绘画和摄影),聆听自我的声音,发现真实,能使悲痛者产生一些改变。

> 在悲痛到来的第一年,我几乎不能相信发生的一切。我排斥自己的故事,就好像它是一块尖锐的巨石。它是那么丑陋又让人难以忍受,总是在刮擦我的手心或者砰的一声砸到我的大脚趾上。我拖着这个沉重的巨石走过灼热的盛夏、多彩的深秋、落雪的严冬和明媚的暖春,直到我在心中发现了能够安置它的一处空间。
>
> 你知道,无论怎么打磨,都不可能把这块尖锐的巨石妥帖地放进那处窄小的空间里,无论怎么拼凑,我破碎的心都不可能恢复原状。我不得不学着把它看作一个未完成的雕刻作品,自我和悲痛都是我的黏土,我必须用它们创造出一个新的作品,然后抽离出来,接受这个未完成的作品就是我自己。
>
> 凯特·卡森(Kate Carson),
> "写出你的悲伤"工作坊学员,
> 写给去世的女儿洛雷尔

你的生活和悲痛都是未完成的作品。你没必要把它完成，也没必要做到完美。这里只有你和带着你走到这一步的关于爱和丧恸的故事。请找到说出你的故事的方法。

第 12 章

找到自己"恢复"的画面

和刚刚陷入悲痛的人交谈是一件很难的事。在他们陷入悲痛的第一年,大家会忍不住安慰他们事情会好起来,无法狠心说出"第二年经常比第一年更艰难"这样的实话。在这样的情况下,人们在陷入悲痛的第二年、第三年、第四年的时候,会认为他们应该比之前的状态更好。显然,这是不可能的,他们接下来的几年会更艰难。

话又说回来,如果我们只谈论悲痛的真相(它会在你身边徘徊、挥之不去),人们就会丧失希望。你不能只说"是的,悲痛既恐怖又糟糕,而且会持续很长时间",你还要给他们带来希望。

我们必须从两方面探讨这个问题:第一,承认痛苦是深刻的、持续的;第二,如何以一种温柔的、个性化的,甚至是美好的方式与痛苦共存。要说明这一点,我们需要澄清一下所使用的词以及它们在这个语境中的含义。

> 现在我们要面对的是，在死亡和悲伤之后接踵而至的更温和的丧恸。它不是翻江倒海的痛苦，而是尘埃落定后的沮丧。我的睡眠变轻了，当我已经习惯到忽略它的时候，我就停止和身体对抗了。我还在学习丧恸对生理的影响。我的悲伤和我融为一体，没有区隔。丹尼斯去世的时候，我的心中出现了一个巨大的裂口，随后它变成一道越来越深的裂缝，它的底部蜿蜒向上，探进我的未来。这是一道只能用我们的爱填满的裂缝，是一块我灵魂上的伤疤。当我想到悲伤是怎样在我身体里生根发芽的时候，我感到不可思议。我希望我能告诉他，我现在是如何带着悲伤一起生活下去的。
>
> 米歇尔·萨科·德怀尔（Michele Sacco Dwyer），
> "写出你的悲伤"工作坊学员，
> 写给去世的丈夫丹尼斯

你无法从"死亡"中恢复

我对语言非常敏感。即使在我状态最好的时候，别人说错话也会激怒我。在丈夫刚去世的那段时间，听到"恢复"和"好转"这种词会让我十分头痛。"你会好起来的"这句话简直是无稽之谈。你能说清楚究竟什么会好起来吗？

你爱的人离你而去了，你怎么还能好起来呢？

说实话,这种量级的悲痛不是简简单单就能"恢复"过来的。

"恢复"一般的定义是某人恢复到正常状态,重新得到失去的东西或者得到补偿。很多人向我倾诉过他们因孩子夭折感到的悲痛,或者为最好的朋友、兄弟姐妹、伴侣还有那些本该多活20年、30年、80年的人离世感到悲痛。我也听过那些因事故致残的人和大规模暴力事件的幸存者的故事。对这种程度的悲痛来说,恢复根本就是天方夜谭。

那个在你的世界中被撕裂的空洞不会自动愈合好,让你回归正常。无论你之后经历了什么,都无法补偿这个伤害。失去的人生无法追回,失去的人也不会回来。从"恢复"的一般定义来看,对于你何时能从如此巨大的丧恸中"恢复",并没有严格的时间点。

这让问题变得棘手。如果"治愈"无法让我们完好如初,如果我们无法完全恢复,就像失去双腿的人无法长出双腿,那我们该如何继续活下去?

为了与悲痛和谐共存,为了与悲痛并肩前行,我认为我们需要一些新的说法。

> 我不想让时间来治愈我。我成为今天这个样子是有原因的。
> 我希望时间蹉跎,让我容颜丑陋,上面爬满了失去你的痛苦。
> ——柴纳·米耶维(CHINA MIÉVILLE),
> 《地疤》(*The Scar*)

"告别过去"是不存在的

生活会改变我们,这是颠扑不破的真理。期待甚至要求我们从毁灭性的丧恸中恢复正常是多么疯狂的想法,我们从不会对人生中其他重要经历有这样的期待。

你既无法告别过去,也无法恢复到过去的自己。你怎么可以这样?

关于"复原"和"恢复正常"这种想法,我赞同作家、学者萨米拉·托马斯(Samira Thomas)的看法:

> 生命中有些经历就像一道坎,跨过这道坎的人被彻底改变了。生活从未停下脚步,人们始终处在变化当中。从语源学的角度来看,抗打击能力(韧性)是指抗拒性质的变化,在时空不发生彻底改变的前提下,使原有的自我适应新的环境。
>
> 韧性强调恢复到原本的状态,而耐性鼓励变化,并且允许情况存在转变的可能性……耐性使反抗与顺从共存,这一复杂的结合体能够温和地打破障碍。有了耐性,人们就随时可能发生变化。在时间充裕的情况下,人们就有了犹疑不定的余地。这种犹疑不定既不是向悲痛屈服,也不是神智崩溃,而是一种内在升华。
>
> ——萨米拉·托马斯,
> 《赞美耐性》[1]

我们被新发生的事情改变了。我们处在变化的第一线。我们无法恢复,也无法前进。我们无法恢复正常。这是不可能做到的。

我的一个好朋友早年在矿井修复工地工作多年——这是一份环境保护工作,旨在恢复被过度开发破坏和污染的土地。这一举措声势浩大但结果不尽如人意,许多环境学家已经把它从矿区修复工程中删掉了。这些土地的破坏程度已经超过可被修复的水平。当时我的朋友和唯一有办法修复这些矿区土地的人一起工作。这份工作需要调查多种地形的矿物和生物情况,还需要对土地本身进行细致的研究——观察被破坏的区域,通过它们来推测未来可能出现的生态变化。这是一项强度很大、耗时费力的工作,要花费数十年的时间才能看到结果:焕发生机的生态系统,本土动植物物种复苏,土地被修复。

我的朋友说,人们来修复区只能看到现在的美景,未曾想那里遭受过多么严重的破坏。对于参与修复工作的人来说,生机勃勃的新景象下面隐藏的"伤口"依然历历在目。眼前的美景下藏着整整一代人的血汗。我们是在土地伤口新长出的皮肤上行走。

土地的伤口可以愈合,心的伤口也一样。如果你留心观察,就能发现藏在新生命之下的废墟。那些为了新生所做的筹划、挣扎总是看得见的。虽然丧恸对你的打击会永远存在,但我们不能就此断言"你的心伤永远不会愈合"。我们会经历爱和伤害,那些见证善意和治愈过程的伤疤是我们人生的一部分，我们一直在改变，被他人、被世界、被生活改变。只要我们知道如何去观察过往经历对一个人的影响，就一定会发现丧恸存在过的证据。

从这一刻开始，我们的生活都是由过去的经历决定的：伤害、绝望以及我们本应拥有的生活。

我们没有回头路可走。我们无法放下过去一心向前。我们只能带着过去往前走：将已经发生的事情融入现在的生活，完成你必须做的事情——活下去！萨米拉·托马斯这样写道："从这里我学到的是，我不必像过去那样生活，我可以同时拥有快乐和伤疤。我不必在妥协和决绝之间做选择，只要有耐性，我就会发生改变。"[2]

悲痛者的恢复并不意味着放下过去，也不意味着回到正常的生活。恢复是要你感受自己内心的伤。恢复是要你更诚实地面对内心的废墟。恢复是要有耐性，不置身事外，是理解悲痛，拥抱悲痛，以一种独特的方式创造另一种美好。

悲痛者的恢复是不断找寻新的平衡点，永不休止。悲痛不会永远都这样尖锐、沉重，它和爱一样，是你生命的组成部分。生命总会再次变得美好。这样的美好生活建立在接受丧恸的基础上，像接受愉悦那样接受痛苦，而不是试图消除痛苦。

如果我们换一个角度来探讨恢复，把它视作一个与悲痛同行而不是克服悲痛的过程，我们就可以开始谈谈有哪些方法能帮助悲痛者活下去。

刨除那些无法被修复也无法被纠正的部分，我们应该如何与悲痛共存？这才是你真正要做的工作——找到与丧恸共生的方法，在随时可能喷发的火山口打造你的新生活。

我不想"变好"

我还记得在马特去世后我第一次放声大笑时的心情。我很恐惧。我怎么能忘记他呢？哪怕只有一瞬间也不行！我怎么能感到一件事好笑呢？我感觉好像自己背叛了什么，不是背叛马特，而是背叛自己。

一想到要变好起来，或者要消化掉丧恸，你就可能会感觉这是一种冒犯，特别是在悲伤的早期阶段。变好可能意味着你失去的那个人，或者你失去的生活都变得不再重要了。对许多人来说，悲痛是他们与失去的人和生活最重要的情感纽带。如果快乐重新回到你的生活，那你失去的算什么？如果你能这么容易接受自己的新生活，那你失去的一切真的那么重要或者特别吗？

在悲伤的早期阶段，我并不担心与痛苦永远相伴，我担心的是有一天痛苦会消失。那时候我的生活要怎样继续？如果没有痛苦，我该怎样独自活下去？

我能告诉你的是，在我经历丧恸的几年之后，事情虽然发生了改变，但并没有变好。从某种层面来说，我很怀念那些日子。我很怀念能够回到过去，我想念衣橱里他的味道，一打开冰箱就能看到他买的东西。那时候我们的生活离我那么近。尽管悲痛万分、心如刀割，但我感觉爱就在我身边。虽然它不能使任何事情好转，但它在那里。那段时间，悲痛虽然让我身陷黑暗，却让我充满力量。

我怀念的不是干掉的呕吐物、噩梦和让人筋疲力尽的家庭纷争，或是我被丢弃在茫茫宇宙的孤独感。回看那时的自己，说实话，我所承受的痛苦是常人无法忍受的。虽然那段日子里有些东西让我怀念，但我并不怀念生理上的病痛。

虽然直至今日那种痛苦与我对马特的爱仍联系在一起，但它们并不是一回事。

你现在感受到的痛苦与爱亲密相连。这种关联会逐渐加深并且发生改变，并且其变化的方式并不以你的主观意志为转移。它的一切变化都不是你能掌控的。

变好并不意味着你与所失去的一切的联系都会消逝。当你继续前行，你的悲痛，更重要的是你的爱，会与你并肩前行。悲痛的恢复是一个怀揣"已经发生的""本该发生的""尚未发生的"一切继续前行的过程。

这不是一件容易的事情。

和爱一样，悲痛有自己的时间线与生长轨迹。和所有自然界的过程一样，我们无法控制悲痛的发展。你能控制的是如何关照自己，如何给自己更高质量的关爱和陪伴，以及如何应对挑战，从而继续生活下去。

身处其中，你该如何"心怀希望"

如何在谈论真实悲痛的同时给予悲痛者鼓励的确是一大

挑战。当我谈到悲痛是多么困难并且会对我产生长期影响时，旁观者总是说："尽管如此，但你要心存希望啊！"

我一直认为，人们对"希望"这个词的使用是有问题的。任何时候我读到或者听到别人说"你一定要心怀希望"，我总是会在脑海里自动补上一句："对什么心怀希望？"

"希望"这个词需要一个对象，即你必须对某个事物抱有希望。

在经历丧恸之前，很多人都希望能有好结果（比如战胜癌症，找回失踪的朋友），但在丧恸之后，他们就再也无法相信希望的力量了。

悲痛者希望他们能够经受住人生的各种大风大浪。他们可能希望有朝一日再次获得快乐，他们甚至希望生活从此好转，变得比丧恸发生前更富足。

这些定义似乎对我都没什么用，尤其是在丧恸初期。希望能拥有更美好的生活让我感觉不太对。我热爱我的生活，我热爱曾经的自己。然而，一想到马特的死亡能让什么事情变好，我就感觉很不对劲。希望再度快乐起来的想法让我感觉我把一部分自己丢在了过去。

我不能希望生存下去、情绪好转或者快乐起来。我曾经在河边许下的所有美好愿望都在马特的尸体被打捞起来的那一刻破灭了。

这就是怀抱希望会导致的问题。希望常常表现为一种结果导向：希望事情如何发展，最终是什么结果。我们想掌控生活，实现某种功利目的，希望总是与这种掌控感牢牢捆绑在一起，希望的对象往往是：你希望"得到"什么。

有些人坚持认为事情一定会有好的结果，我们应该对此满怀希望，实际上，这只是文化观念对于大团圆结局的固执追求。

如果我们改变希望的对象（从"能得到什么"改为"如何达到目的"），"希望"就能成为一个有意义的词。或许我们可以不再把某种物质结果当作希望的目标，而是希望能够用一种美好并且对自己有意义的方式来度过丧恸时期。

你和你失去的爱人、你与悲伤之间的关系一直在发生变化，要与之共存有许多种方法。

我能提供或期待你能拥有的最真切的希望就是，你能在不断变化的生活中找到真实面对悲伤的方法。我希望你坚持寻找美好，并且培养一种寻找它的欲望。我希望你能伸手抓住自己与爱的联系，无论周遭的一切变得多么黑暗，你都能找到自己的船锚和定心丸。

带着悲痛前行

玛莎·辛尼塔（Marsha Sinetar）在《优雅的选择、治愈的选择》（*Elegant Choices, Healing Choices*）中指出，在任何境遇下，我们都能找到最优雅、最富有技巧、最具同理心的方法。对我来说，有想法、有追求是在丧恸中怀抱希望、向往恢复的基础。

恢复并不意味着像没受过伤一样，也不是把强烈的悲痛丢在脑后，而是要尽可能用技巧、自爱和平静的心来走过这段经历。要想恢复，你需要聆听自己内心的意愿，特别是在心灵遭受不可挽回的重创时。

用你自己的方式把这段经历缝合进你的生命。的确，它会改变你。你的共情能力会提高，因为你知道哪些话即使是善意的也会伤人。你的脾气可能会变差，因为你无法容忍别人的残酷和冷漠。实际上，这些改变会发生在很多人身上：身处悲痛，我们经常变得对别人的痛苦极为敏感，想要纠正或者转移他们的注意力，使他们免受更大的伤害。

悲痛改变了你。然而，你会变成什么样的人还有待观察。你不需要为了开启美好的生活而把悲痛抛到身后。悲痛是你的一部分。我们的目标是在悲痛中生活下去，不是消灭悲痛。

我们的自主选择

无论我们是从悲痛状态中恢复，还是在悲痛中生活下去，最重要的是，我们能够自主选择应对悲痛的方式。

迫于来自外界的众多压力，你很想做点不一样的事情。你一定要试一下，创立个基金会怎么样？跑跑马拉松如何？接着，你就开始感觉生活不再是自己的了。每个人都想让你按照他的想法来体会丧恸的意义。

在马特去世前，甚至是现在，我一贯擅于自主选择。自主选择体现了一种掌控生活的状态，根据对自我的了解做决定,不受外界的控制。我们的文化总是强调要给别人意见,我们总是忘记每个人都是自己生活的专家。尽管别人有远见卓识,但你生命意义的决定权只能属于你自己。

我非常重视自主选择的权利,任何人对我指手画脚都会引起我的愤怒。然而,我很难自己回答这个问题:怎样才能从悲痛中恢复过来?

归根结底,事实是这样的:如果你自己做出了选择,要如何度过悲痛时期,那所有的计划和构想都是完美无缺的。如果外界硬塞给你一些想法,即使这些想法和你自己的没什么不同,你也会感觉不太舒服。不同之处在于,究竟是谁来判断一个选择是否"正确"。

这是你的生活,你是最了解自己的人。不管你选择怎样度过一生,都是正确的选择。我的一位老师说:"选择什么并不重要,重要的是真实地面对自己,按照自己的意愿去选择未来。"

保持真我,牢牢地把握住自己的本心,指引自己不断前进。

为自己树立一个榜样

在茫然无措的悲痛时期,为自己树立一个榜样是非常重要的。要给自己一个念想。这个念想要从自己身上找。

记住,这并不是要改善你的境况。你不需要通过丧恸来提升自己。能否从悲痛中恢复完全取决于你能否找到保持真我的方式，能否尊重自己和过去，并且在此基础上继续后面的人生旅程。重要的不是你要做什么，而是你怎样倾听内心的声音，怎样应对生命向你提出的挑战。

如果你对悲痛还不甚了解，那么现在不必过多考虑如何疗愈痛苦的问题。如果你觉得能够承受一些温和的提问，那么问自己"如何从悲痛中恢复"是自爱和善待自己的做法。

| 试一试 |

想象从悲痛中恢复的状态

有许多种方法可以帮助你想象从悲痛中恢复的状态。在开始之前，你需要写下下面这些问题的答案。

既然已被破坏的无法重建，被夺走的也拿不回来，那么对我来说，怎样才算"恢复"呢？

如果我跳出了"超越丧恸"的文化规范，那么对我来说，怎样算是"生活得好"呢？

我该怎样照顾自己？

为了自己，我希望自己成为什么样的人？如果是为了别人，我又会希望自己变成什么样呢？

虽然你无法预知生活中会发生什么，但你可能想知道你会从生活中感受到什么。你希望过平静的生活，或者与他人建立联结？你想培养什么样的思维方式和品质？你能实现什么目标？哪些事让你心怀希望？

如果想象一下未来，你的悲痛会变成什么样？爱和丧恸如何和平相处？背负着悲痛前行，你的感受如何？

从一个更现实的层面来说，你乐于舍弃早期悲痛中的哪些部分？现在你能否做些什么让自己更释然？

你所有的答案可能就构成了一个全面的"恢复"手册，或者你可以每天用这些问题问自己一遍，看看自己每天的感受有什么不同。

要回答这些问题并不容易。随着时间的推移，你的答案也会有所不同。思考自己的前进之路是你能给自己的最佳礼物。你可以从下面这些问题开始思考：如果无法从悲痛中恢复，我怎样才能得到疗愈呢？我想要什么样的生活？

当你需要了解"从悲痛中恢复"的标志和内容时，你可以从有益思维与不良思维的对比试验（参见第7章）中找到一些线索。

■ ■ ■

在本章中，我试图指导你使用一些工具来减轻痛苦、安抚悲伤。记住，悲痛不是病，因此也无法被治愈。悲痛是一个自然的过程，它会自行发生变化。当我们接受它是一个自然的过程，而不是急于清除它时，它会变得更柔和。你要做的工作是尽全力照顾好自己，向有爱、善良、能陪伴你的人寻求帮助。这是一场试验。虽然不是你主动做出的选择，但你必须接受它的考验。

请时不时地回到这一章，参考我分享的这些建议和练习。你与悲伤共处的时间越长,你的需求越有可能发生变化。重复使用这些建议和练习能使你与真实的内心保持联系,了解你的思维发生的变化。

在下一部分中,我们对悲痛的探讨将从个体的内部需求转移到个体的外部需求(例如他人支持)上。在一个更大的群体中,我们会获得更深层次的安慰,也会有更大的失望。只有找出现有的丧恸支持系统失败的原因,我们才能开始创建能够承受巨大痛苦的群体。

3

第三部分

当亲友束手无策

第 13 章

你该教育他们，还是无视他们

在大多数情况下，周围人对悲痛者的反应不是漠不关心，就是冷言冷语。我们在前面的章节中探讨了文化中根深蒂固的回避痛苦和求全责备的惯性思维。把这些观点代入自己的生活能帮助你理解并纠正周围人对你的无效帮助。

被忽视、被安慰、被鼓励战胜悲伤是造成悲痛者痛苦的原因之一。

在悲伤援助中有一个悖论：我们的文化从不谈论悲伤的真相，因此没有人知道该如何给予他人援助。能告诉我们如何提供帮助的最佳人选就是悲痛者自己，而他们常常没有兴趣或能力来告诉别人如何伸出援手。尽管悲痛者希望得到支持，但没人理解他们真正的需求。

如果我们想要更有效地支持彼此，如果我们想要满足自己的情感需求——爱与被爱，我们就需要谈论为什么现有的悲伤援助都是无效的。

在我女儿去世后,你带着一包非凡农庄的笑脸饼干出现在我家门口,咧着嘴对我傻笑,告诉我要保持微笑,这一切并不能使我破碎的心感到一丝温暖。女儿死后,我们的友情从本质上发生了变化,期待我支持你的所有想法这一点也超出了我能承受的极限。当我告诉你,我没有参加大型社交聚会的心情时(超过两个人的聚会都算大型聚会),请你相信我了解自己能承受什么,不能承受什么。我本能的需要是蜷缩起来,紧紧抱住自己,挺过这场浩劫。然而,你一直在我身后指指点点,指责我一直都很愤怒,让我根本没法平静下来。你说得没错!我就是愤怒!我女儿死了!当你能保持沉默,愿意旁观和倾听的时候再来找我吧!

我的悲剧不会传染,看到我也不会让你想到你的孩子死去会是什么样子。我明白,你不知道要说什么。几个月以前我也不知道。如果要给一个小建议,那就是不要用陈词滥调来敷衍我。不告诉我"至少……",否则你就会看到我立马变身成一个悲痛战士。我会向你喷射悲痛理论,告诉你库伯勒-罗斯的观点被完全误解了,悲痛是没有发展规律或方向和路径可言的。我们在伸手不见五指的迷雾中独自摸索。我会请你讲讲我的女儿,因为我害怕她会被忘记。我害怕我会忘记她!虽然我可能会泪流满面、抽泣不止,但没关系,我现在的生活就是这样的。这是我生活的方式,我无法"活在当下"。

劳丽·克鲁格(Laurie Krug),

"写出你的悲伤"工作坊学员,

写于女儿凯特去世后

我只是想帮忙

"一切都情有可原。"这是多么荒谬、恐怖、带有羞辱意味又轻蔑的一句话!对任何人说出这句话都是一种伤害,何况是对悲痛者。能有什么原因呢?

"他的一生很辉煌,你很幸运能陪他走过这么长的一段路。你要心怀感恩,往前看。"这好像在说,只要人生曾经辉煌灿烂,生命戛然而止也没有关系。

"至少你知道你是能有孩子的,我甚至都没法怀孕。"是我的孩子死了,怎么变成讲你的人生故事了?

"开心一点!事情不可能像你说得那么糟糕。"为什么一个陌生人要跑来告诉我应该"开心一点"?

我们对彼此说的话,我们所做的事情都表明,我们想要为悲痛者提供帮助。

我最常从悲痛者那里听到的反馈是：外界对待悲痛者的方式可怕得令人震惊。人们会对悲痛者说出令人难以置信的无情和残酷的话。有时候人们是故意的，有时候人们就是刻薄、冷漠又残忍。所幸，这些人与你的交情不深，对你的影响不大。然而，那些真的爱你的人和那些迫切希望帮助你的人呢？他们说的话会在无意间踩到你的痛点，这才是你难以招架的。

我们知道他们是一番好意。我们能从他们的脸上看出来，从他们的声音里听出来：他们非常想让一切好起来，而且不怕失败，越挫越勇。

然而，我们不能说他们毫无帮助。这么说只会让事情更糟。

礼貌一点就可以

当我谈论我们对悲痛者的安慰有多糟糕时，我会得到两种回应。一是，悲痛者会说："谢谢你这样说！"二是，悲痛者周围的人会说："我们只想帮忙！为什么你这么消极？"

不可避免地，我会听到大量反对的声音："他们只是一番好意！他们只想帮忙！……显然，你不够成熟，没有听明白大家的言外之意。"我收到的最愤怒的反对来自那些努力试图援助亲友的人，因为我告诉他们，他们只是在帮倒忙。我说他们使用的那些词语透露着刻薄、轻蔑的态度，而他们最不想做的就是制造更多的伤害。我怎么能这么无情、这么消极，居然看不到他们的努力呢？他们的确是出于善意。我应该看到事情好的一面，心怀感恩和积极的情绪，停止刻薄和愤怒的言论。

事实上，我说出了真话：无效帮助只能让悲痛者感到被抛弃和沮丧。我们究竟有多么让彼此失望？每天全世界都有无数悲痛者成千上万次在心里想："你并没有在帮助我。"我不怕把它大声地说出来。

我并不是消极，我只是说出事实的真相。

我们对于真话总是三缄其口。不仅是关于悲痛，我们的文化对于悲痛者的真实状态也讳莫如深。我们被训练得谦和守礼。我们每天都应该微笑点头，对别人报以感谢，感谢他们记挂着我们，而在心里，我们真的想大喊："你到底在想什么，竟然对我说这样的话？"

每次我在一个新的社区开设写作课程，我总是被不计其数的人给出的回应惊到，他们说："这是第一个我能完全真实面对悲痛的地方。没人想听我说话，或者他们只想告诉我是我错了。"

很多悲痛者告诉我，与其告诉别人对方的话毫无帮助，他们宁愿选择保持沉默。别人不喜欢听真话，你便不能说真话，此时的你不仅痛苦，还遭受着不公正的待遇。

没人愿意听到别人说自己做错了。然而，如果我们不能说出内心深处真正的悲痛，那交流又有什么意义呢？如果我们不能坦诚、无畏地说出"这一点用都没有"，那别人怎么知道我们真正需要什么？如果我们什么都不说，只是微笑点头，用"都是好意"给别人当借口，那悲痛者的境遇要怎样发生改变?

真话被无视的感觉总是很糟糕的。我不喜欢别人无视我的肺腑之言,也不希望同样的事发生在你身上。类似的事情发生的时候,我做不到波澜不惊,我总是怒不可遏。

就个人而言,我相信神秘主义者所说的神圣愤怒(holy outrage),即能激发人口吐真言的愤怒。正是愤怒掀开了不公和沉默,愤怒的目的不是挑事砸场子,而是让人们思考真正能互帮互助的群体是什么样的。

神圣愤怒意味着无论是谁可能受到冒犯,都要讲出真话。同样重要的是,它意味着要在一个有更多爱与关怀、亲密关系和真实联系的环境中讲真话。

我花费这么多笔墨讨论无效的悲伤援助,就是希望这种状况能有所改观。我需要它变得更好,你也一样,还有成千上万将要在我们之后走入悲伤世界的人。这种状况必须变得更好。因此,我们必须开始讲真话。

仅仅说"他们都是好意"是不够的。如果某个人说自己想要安慰你,却一直用那些轻蔑和侮辱性的词语来和你沟通,那么他不可能安慰到你。

如果有人真的想帮助悲伤的你,他就必须耐心倾听"什么是无效的悲伤援助"。他们必须愿意去感受"不知道要说什么或者不知道怎么说话"的不适感。他们必须用开放的心态接受你的反馈。否则,他们就不是真的想要帮忙,而只是想要树立一个帮助者的形象。这二者是有本质区别的。

没人知道该说什么话。记录上面那些话不是为了让我们都能说出正确的话，而是为了我们能更好地表达。

对谁给予关注和付出

"教给人们什么是真实的悲痛"是非常重要的。有时候你根本无心去在意人们是否能够理解真实的悲痛。有时候，不再试图向人们解释事情反而对你来说更好。你要知道谁值得你付出时间和精力，哪些人不值得。一旦你决定了谁是值得你关注的人，下一步就是帮助他们来在情感上支持你——不对你的大脑和心灵施加任何压力。

这几项工作都不容易。

如果我的观点能帮助你改善周围心怀好意之人的安慰方式，那就太棒了。

如果你有心无力，把这项任务交给我吧！你可以把本书的第 13 章、第 14 章和附录拿给他们看，帮助他们加深对悲痛者生活的认知。

每个人都会做假设

有多少次有人跑到你面前说："你一定感觉……""我看见你在排队，发着呆，你一定是在想你丈夫吧！"

或者你发现，在事故发生几天或几周后，某人因为你没有用某种特定方式回应他，或者你似乎不想和他交谈而感到很受伤。然而，你根本就想不起来你见过他。

或者有人开始发表长篇大论，告诉你应该如何修复痛苦，因为他们在经历……的时候就是这么做的。听到别人告诉你在孩子去世后应该去跳舞是多么荒唐的事情，而对方之所以这么说，是因为他在离婚之后需要跳舞来发泄。

我记得周围人总是对我说"要找新的伴侣，生活总有一天会好起来，马特也是这么希望的"这样的话。他们滔滔不绝，给我各种鼓励，为我解决各种问题，而这些问题根本就不是我说的，甚至不是我所经历的。

我们经历悲痛的时候，总是被完全不了解我们丧恸经历的人告知悲痛是什么——它意味着什么，它是什么感觉，它应该是什么感觉。他们用自己的经验去猜测我们的痛苦，提供基于他们自己想象的帮助。人们会把我们的社交反应（或没有反应）看作针对他们个人的表现，给出各种解释，却不反思自己做出了什么样的假设。

每个人都会做假设，这是很正常的。

在日常生活中，真实的经历通常与他人的假设相去甚远。对悲痛者来说，二者之间的鸿沟更为巨大。尽管存在那么多误解，但悲痛者没有精力和兴趣去纠正这些误解。这会令已经筋疲力尽的他们更加痛苦。

在日常生活中，有真正善良、有爱心的人，也有冷漠、自私和奇怪的人。有些人根本不关心你的痛苦，有些人更在意他们是否能成为"帮助你的重要人士"，而非真的帮助到你。创伤和丧恸还会勾起一些人的窥探欲。如果新闻报道了你的经历，那么大众对你的好奇心更会只增不减。

所有人（包括那些本质良善的人）在面对悲痛的时候都是奇怪又尴尬的，只是表现形式不同。

我有种冲动，想把每个不理解悲痛者的人都标为"坏人"。陷入悲痛会使你感觉自己如同生活在另一个星球上，或者让你产生这样的意愿。

如果能不用语言，直接把悲痛的真实感觉传送到他人的大脑，该有多好。让别人感受一下（哪怕只有30秒）你每分每秒承受的痛苦，就能澄清许多误解，就能提前规避许多毫无帮助的援助。然而，这是不可能的。我们有的是文字描述，还有无穷无尽的渴望理解与被理解的需要。

描述痛苦、修正观点，以便他人能提供更好的情感援助，这种额外的要求正在造成对悲痛者的二次伤害。

分享或拒绝分享：你如何向他人讲述自己的故事

在马特刚去世的那段时间里，我向每个人讲述事情的经过。我控制不了自己，经常失声痛哭。如果人们询问我马特的事，我就会告诉他们。一段时间之后，我感觉告诉别人这件事是错误的，而且很奇怪，太自我暴露。我厌倦了那些刨根究底的问题，那些满怀遗憾的眼神，以及陌生人俯身倾听我生活的细枝末节时，温柔地放在我小臂上的手。

实话实说，不是每个人都值得听到如此私密的信息。

你在生活中遇到过那些不值得你倾诉痛苦或追思逝去的挚爱之人吗？

我指的是那些无法对你的故事给予应有的尊重并巧妙回应的人。我指的是那些听到你的故事后问个不休的人，他们像愤怒的大象四处踩踏你的领地。有些人甚至对你不予理睬，根本不把你当回事儿。

有些时候你只想低着头，去超市买点东西，遛遛狗，但你会因为在街上碰到某个不相干的人把你拦住，问你"你真的还好吗"，再次陷入悲痛。

有些人以为无论他们和提问者的关系亲密与否，都必须对每个询问自己"近况如何"的问题给予回应。

大多数悲痛者认为，如果不提到失去的爱人，他们会感觉很糟糕，就好像他们从语言上抹杀了这个人的存在，否认了爱人在他们生命中的重要地位。很多人都因为回避不想回答的问题而感到难过。

无论是在生理上还是情感上，在人生的任何阶段，你都不必违心做减弱自己安全感的事情。

你选择不向他人展露你的内心活动（诉说你的悲伤或者冰冷残酷的现实），并不意味着你背叛了逝者。当别人问你"近况如何"时，就算你根本不开心，你也要顾左右而言他，说"我很好，谢谢"。实际上，这是对别人的包容，也是对自己的仁慈。

不是每个人都值得你诉说痛苦，不是每个人都有能力接收这类信息。并不是别人有心询问，你就有义务回答。

与悲痛共生的同时，你要学会分辨哪些人是安全的，哪些人不是，哪些人值得你倾诉，哪些人不值得。另外，为了自己，你要学会找到和别人分享自己故事的合适时机。

你要学会对分享的时机和内容保持谨慎态度。你的悲痛故事不是也不必是一本任人翻阅的书。随着时间的推移，你的倾诉对象、时间、地点会发生改变。

那些在你摇摆不定时依然支持你的人，是值得你并肩前行的人。其他的？放他们离开吧！

> "宝宝死了。"我说。
>
> "天呐！我很抱歉。"她叹气道。她满怀同情，诚挚地看着我。她并没有马上离开，而是问我："宝宝怎么死的？"
>
> 我和 A 再次对视了一眼。这个女人是认真的吗？她期待我重新经历一遍过去 48 个小时的不幸来满足她的好奇心吗？
>
> 我之所以回答她的问题，是因为我觉得有必要回应他人的关心。我相信医院所说的一切。我承受了发生在自己身上的一切，我不知道有什么更好的做法来缓解悲痛。谁能天生就知道该怎样处理婴儿夭折的噩耗呢？
>
> 我的天性使我不会生硬粗鲁地说："这不关你的事！"所以，我选择告诉她，是脊髓的突发病症。对于这个简洁清楚的回答，我希望她听到之后就此停止，转身离开。
>
> ——伯宁·艾（Burning Eye），
> 摘自 www.glowinthewoods.com

悲痛更新了你的通讯录

灾难发生后,有多少人会退出你的生活,这个结果会令你大跌眼镜。与你一同经历起起落落的人突然就消失了,或者变得不屑一顾、语带嘲讽、态度奇怪,反而是陌生人能给你带来最大的、最深刻的安慰,哪怕只有几分钟。

悲痛带给我们最艰巨的挑战在于发现哪些人不能陪我们度过这段时期。有些人淡出我们的视线或者消失了,有些人非常愚蠢、残忍(有意或者无意),你可以选择忽视他们。

马特去世后,很多人退出了我的生活。我只是无法容忍他们:哪怕是一丁点问题都会被突发的意外死亡和之后的余波放大。我也结识了许多人,他们用高情商和关爱支持我,帮助我活下去。在那段残酷的时间以及之后的时光,有几个亲密的朋友一直陪伴在我身边。

悲痛会让你感到异常孤独。即便人们围绕着你,用最大的可能关爱你,他们也无法真正体会你的感受。他们无能为力。糟糕的是,从很大程度上来说,你得孤独地面对这一切。更糟糕的是,你无法独自面对这一切。

在这段时间里,你会发现有人进入你的生活又离开了。有些人虽然在最初的几个星期对我帮助很大,但最后他们又回到了自己的生活中。他们陪伴我走过一段时光,然后我们放手让对方离开。他们有自己的生活,他们必须回到自己的生活中,虽然这一点令我感到伤心,但一段时间后,我明白我不是他们关注的一切。好人会在合适的时间出现,尽其所能为我们提供长久的陪伴。因此，他们的离开虽然使人难过，但并非一件糟糕的事。

如果在生命中有你爱的人，他们也爱你，但是悲痛使你们关系疏远了，这是正常的。悲痛会使所有的事情都变得困难，人际关系也不能幸免。有些人能够处理这种不稳定的关系，陪伴你一直走过这个阶段。希望你们建立的爱和信任足够强韧，能为你编织一张网，在你跌落的时候接住你。

不是每个人都应该并能够和你走到最后！

在人生的各个阶段（不仅限于悲伤阶段），任何使你感到渺小、羞耻或被轻视的关系都无法继续。这是你的悲痛、你的生活。说实话，这不是修复关系、展现社交礼仪的时候。是不是能让别人感觉他们在帮助你并不重要，如果他们帮忙的形式使你感觉被轻视、被评判或者根本就是错误的，你也不必继续把他们当作朋友。

如果有的人给你造成的伤害多于抚慰，那么不要客气，和他们绝交。你的生活和以往大不相同了，有些人无法适应现在的你。

对于那些不能和你一起适应这段崭新生活的人，没有关系，向他们致敬，向你们的友谊致敬，然后放手让他们离开。这不是他们的错，也不是你的错。有时候最好的关爱就是放手让人们离开。

> 心灵受过创伤的人可以在以下个体或群体的陪伴中恢复：家人、爱人、戒酒者、专业咨询师以及

宗教群体。他们能为悲痛者提供生理上和情感上的安全感（包括感到羞耻、被训诫或评判时的安全感），从而使人们鼓起勇气去接受、面对和消化现实。

——巴塞尔·范德考克，
《身体从未忘记》

走出疯狂：如何停止关于悲痛的争吵

当你身处如此深刻的痛苦中时，让某些人远离你的生活是对自己的仁慈。然而，对于那些你无法将他们从自己的生活中踢走的人，那些你无法避开且对你毫无帮助的人，你该怎么办？那些坚持鼓励你或频频关注你是否走出阴霾的人呢？你不可能完全躲开家庭成员或是社区里常常见面的熟人。

一个专栏读者向我提出了一个问题："我该怎么应对那些期待我走出悲痛的人呢？我的未婚夫在两年前去世了。我该怎么说服他们，虽然我还没有放下，但这并不影响我的生活？"

虽然这个问题是由一个读者提出的，但很多人都为此忧郁、挣扎。很多人都期盼你早日从悲痛中走出来，如果现在还不行，那么最好在不久的将来能够放下过去的不幸。他们可能无法感同身受。他们希望你能变回原来的你，却并不理解你再也变不回去了。曾经的你一去不返。

我们很容易与他人发生争执，或者很注意捍卫自身悲痛的权利。

事实上，无论你怎样解释，无论你如何尝试教他们，他们就是无法理解。你很想狠狠地给他们一波语言攻击（哪怕是温和的反击），结果他们只是充耳不闻。

那么，你能做的是什么？

有时候，只有停止解释，你的心灵和大脑才会感觉好受一点。

■ ■ ■

拒绝解释或为自己的悲痛辩解，并不意味着放任他人喋喋不休地指点你的生活。我的意思是，只要拒绝参与讨论你的悲痛是否合理这一问题，你就能走出与人争执的怪圈。

和不可能理解你的人争论不休只会浪费你的时间和精力。

重要的是记住，你的悲痛和你的爱都属于你。没有人能掌控、评判、蔑视你的生活。

然而，他们无权这样做，并不意味着他们就会停止这样做。我的意思是，如果你不想听到他们的评判，你就需要明确界限。你必须搞清楚，自己的悲痛不是一个可供辩论（争吵）的问题。

|试一试|

走开

在悲伤阶段，不与他人陷入争吵说起来容易，做起来难。下面有几个步骤可以帮助你远离争吵。

第一，清楚、平静地回应他们的关心。

第二，明确你的界限。

第三，为对话重新定向。

使用这三个步骤，能够有效减少他人对你的评判，具体操作如下。

第一，感谢他们的关心，认同他们友善的本意："感谢你对我的关心。"

第二，明确界限："我会用我认为对的方式生活下去，我对探讨自己的生活方式不感兴趣。"

前两步（即清楚、平静地回应他们的关心和明确你的界限）通常用一句话就能说清："感谢你对我的关心。我会用我认为对的方式活下去，我对探讨自己的生活方式不感兴趣。"

第三步，为对话重新定向："咱们能换个话题吗？这件事不在我的讨论范围之内。"

我知道，这句话听起来很固执、很奇怪。这句话传递出的信息是：你有明确的界限，你不允许任何人以任何方式跨越这条界限。

如果有人非要追根究底，你可以说"我不想讨论这个话题"，接着把话题转移到其他事情上去。

如果他们依旧不依不饶，你完全可以结束对话——走开、道别或者挂断电话。

重要的是，不要陷入争吵。你的悲痛不是什么问题，它不需要你为它辩护。

  一开始你可能会有些尴尬，但是随着你的练习，明确界限和转移话题会变得越来越容易。

  最终，旁人要么接受你的观点（并不是你不想走出悲痛，而是你不想讨论这个问题），要么离开。即使是亲朋好友，在这种情势下，也可能会选择退出你的生活。

  悲痛会彻底重塑你的人际关系。有些人会陪你一路走下去，有些人则会中途离开。有些你以为会永远陪伴你的人会彻底消失，原本和你八竿子打不着的人可能会出现，以一种你想象不到的方式给予你支持和帮助。

  如果你身边的人能够坦然接受那些你忠于自己的内心而做的事，那么他们就能度过重重考验陪你走下去。如果不能，就放手让他们离开：仁慈地、痛快地，同时饱含爱意。

第 14 章

召集你的支持团队
促使他们来帮助你

对于悲痛者的朋友、家人、咨询师,当他们帮助悲痛者承受痛苦时,他们提供的是最有效的帮助;当他们试图解决不是问题的问题(消除悲痛)时,他们提供的是最无效的帮助。

大部分人都想帮忙,他们只是不知道该怎么做。

在人们希望达到的效果和他们实际提供的帮助之间有一条巨大的鸿沟。这不是任何人的错。唯一能填补这条鸿沟的方法是让人们了解什么是有效的帮助,什么是无效的帮助,以及我们能如何在关照彼此的过程中提升相关技能。

你无法应对悲痛,这并不意味着你的支持团队无能。要帮助悲痛者,有许多种实在的方法,只不过这需要我们用一种全新的、不同以往的方式来关爱彼此。

只有把关注的焦点从消除你的痛苦转移到支持你承受痛

苦上，亲友才能更好地关心与爱护你。即使他们的做法依然称不上正确，但至少能够使情况有所好转。

我希望你能把本书拿给想要帮助你的朋友和家人看。我希望你能引导他们学习本章中提到的建议和方法，这样一来，你就不必花费精力来解释你的需求。本章提供的方法将会帮助他们学习如何关爱深陷悲痛的你，如何陪伴你走过痛苦阶段，而不是一味地试图让你情绪高涨。

与其他章节不同，本章直接与你的支持团队对话。

> 我的朋友克丽丝的小儿子去世了，我告诉她我的治疗师是如何对我的支持团队进行指导的——让他们像大象一样围绕在悲痛者的身边。我知道，虽然我不能帮助她消灭悲痛，但我的陪伴能够支持她。她告诉了她的朋友像大象一样陪伴的说法，接着人们就开始送给她印着大象的礼物和卡片，来表达我在这里陪着你。请召集你的"大象"，那些关爱你的人们。
>
> ——格洛丽亚·弗林（Gloria Flynn）

转变思维：悲痛不是问题，而是经历

如果你在面对某人的悲痛时感到沮丧和无助，请放心，你是正常的。面对自己或爱人的巨大悲痛，不知做何反应，不是你的错。我们此前的行为模式都被悲痛打破了。

在西方文化中，一种医学模式认为，死亡是因为治疗失败。一种心理学模式认为，任何低于稳定的"快乐"基准线的情绪都是异常的——疾病、悲伤、痛苦、死亡和悲痛统统被认为是需要解决的问题。当我们所有的认知模式展示的都是错误的方法时，我们怎么能有技巧地应对悲痛呢？

悲痛不是问题，它不需要得到解决。

将悲痛视作需要支持的经历，而非需要解决的问题，这样的认知会使所有事情都发生变化。

想想航天飞机：地面发射时的细微差距就能引起宇宙空间中的巨大差距。你的立场对悲痛的处理有着决定性影响：要么达到你最想实现的目标（关爱或者支持你生命中的人），要么彻底飞离航线，背离初衷。

举个例子，如果你认为悲痛是个问题，你就会向悲痛者提出问题的解决方案：你应该丢掉她的衣服；他现在在一个更美好的地方，试着开心点吧；你不能坐在这里，一直悲伤下去；他们也不希望你这样；也许你该多出门。

你会鼓励悲痛的朋友或爱人按照你的建议去做，你会尝试清除他们的痛苦——悲痛是个问题，你要尽全力帮他们解决它。你很沮丧，因为朋友看起来似乎对你有所防备，他们不想采纳你的建议。

你越想帮忙（解决问题），他们就变得越顽固。显然，他们并不想好起来。

悲痛者知道他们的悲痛不是能被修复的问题。他们知道自己一切正常。他们没有问题。周围的人越努力消除他们的悲痛，他们就越沮丧。悲痛者感到沮丧是因为他们不需要解决方案，他们需要的是支持。支持他们接受发生的一切，度过这个阶段。

悲痛者的很多精力都耗费在了为悲痛辩护上，他们并未感到自己获得了他人的支持。支持者感觉不被需要、不被感恩，自己没能为对方提供任何帮助。

即使你心怀善意，试图消除悲痛，也总是事与愿违。忠言逆耳，如果你真的想要为悲痛者提供帮助和支持，你就必须转变认知，不再把悲痛当作一个需要解决的问题。

转变想法，把悲痛当作一个需要支持、关爱和被他人关注的经历，我们才能真正开始探讨什么是有效的帮助。与悲痛者站在同一个立场，我们的语言和行为才能真正起到支持和帮助的作用。

好消息是，有许多技巧可以帮助我们做到这一点。虽然为某人提供援助的方式方法并不多，但并非无章可循。你能做的是不要试图消除朋友的悲痛，帮助他们在悲痛中感受到陪伴和关爱。

新模式和好范例

在本章中我们会涉猎许多领域。首先，我想感谢你愿意帮助悲痛者。陪伴在悲痛者身边是一项艰巨的工作。要做的事情没有一件是简单的，当你真心想要提供帮助的时候，听到"某些做法是无效的"确实会令你感到不舒服。在我们探讨的所有问题当中，请记住，只要你想提供支持，想要帮助你爱的人度过这段重要、沉重又艰难的时光，你就在做一件好事。

虽然我花了许多笔墨来谈论各种对悲痛者无效的支持手段，但现在下定论还为时过早。为了进一步挖掘这个问题，我们需要重新定义什么是悲伤援助，或者对悲伤援助进行理想的解释。

骨折要痊愈，必须有一个支撑物来帮助骨头愈合。它需要来自外界的支持，才能完成精密的、复杂的、艰难的自我修复过程。你的任务就是成为你朋友的支撑物。不要试图为你朋友消除痛苦，不要做动员讲话，告诉朋友伤痛会怎样愈合。你的任务很简单——待在朋友身边。你可以把自己想象成一块纱布，包裹住朋友的患处。

你必须选择接受，你的任务是看着所有美丽和残酷的事情，压抑住人类想要解决和纠正问题的本能。

这非常困难。

学会做一个见证者

即使拥有了这些知识，即使亲身经历过，即使我的学生反复告诉了我所有禁忌，我发现自己还是会忍不住用语言去安慰别人。那些过时的陈词滥调和空洞的安慰之语（比如"至少你给过他一段快乐的时光"或者"一切都会过去"）会自动跳进我的脑子里。

即便了解了什么是真正的悲痛，什么是有效和无效的帮助，我依然想要改变现状。

我们都有帮助他人的冲动。我们看到他人的遭遇，希望能够终止不幸。看到他人身陷痛苦，我们想要干预。我们如此渴望一切都好。这种想要关爱和抚慰他人的冲动就是人性。

我们不想看到我们爱的人身陷痛苦。

我要求你用不同的方式给予悲痛者回应，并不是要你压抑消除某人痛苦的冲动。这是不可能的。我要求的是，你要意识到这种想要改善现状的冲动，不要跟着冲动行事。在提供支持、指导和鼓励之前要暂停一下。

在暂停的过程中，你要思考真正有效的行动方式是什么。承认悲痛远比试图解决它好得多。你的朋友需要被倾听吗？他们需要的是看到残酷、直白的现实被一再确证吗？

这看起来似乎有违常理，但这是真的：对于痛苦之人来说，真正有效的帮助是给他们痛苦的空间，让他们分享痛苦和困难，而不是急于收拾局面、大事化小。在付诸行动、提供帮助的冲动出现后暂停一下，能让你怀着爱心、更有技巧地处理对方的痛苦。这个"暂停"动作会提醒你，你的角色是见证者，而非救世主。

感觉奇怪，这很正常

与程式化的慰问相比，我们更难说出："这糟糕透了，我也无能为力。我就在这里陪着你，我爱你。"虽然很难，但这样的表达更能有效、温和地传递爱意。让他人暂时忘记痛苦并不能使人痊愈，真正有效的方法是承认痛苦的存在。当我们不再自欺欺人的时候，我们为悲痛者提供的帮助也会温和许多。

作家、教育家帕克·帕尔默（Parker Palmer）在《陪伴的馈赠，建议的风险》一文中写道："人类的灵魂需要的不是建议、修理或拯救，而是见证——被关注、被倾听以及被陪伴。当我们向悲痛者致敬时，这种尊重会强化他的自愈能力，而这是能帮助悲痛者渡过难关的唯一方法。"[1]

我们是彼此的见证者。面对不可挽回的痛苦（无论是自身的、对方的，还是世人所遭受的），我们的使命都是去见证这一切，承认现实有多么伤人，生命有多么强人所难。

支持团队的作用不是扭转乾坤，而是承认并陪伴在悲痛者身边。这是高水平的技巧，实践起来有一定的难度。然而，这说白了又很简单：出现、倾听、顺其自然。

在学习这些新技巧的过程中，我们有时候会感觉手足无措。没关系，这都是正常的。

■ ■ ■

对悲痛者而言，你笨手笨脚地陪伴与见证远胜过自以为是地评价他们的悲伤。

虽然你无法改变痛苦，但你可以改变倾听和回应痛苦的方式。当亲友身陷痛苦的时候，请你允许痛苦的存在，做一个见证者，让对方放心大胆地说出"我好难过"，而不是急于粉饰太平。请为彼此留出空间。

作为一个援助者，你需要做的是去陪伴。不要试图为无法挽回的不幸提供解决方法，顺其自然反而会有好的效果，即使你并不能改变已经发生的一切。

我们怎样才能成为"知心人"

爱一个身陷悲痛的人真的很难，这一点我懂。

支持一个悲痛者是一件多么微妙又时常令人感到挫败的事情啊！马特刚去世的时候，我真希望有一个按钮，一按下去就放出广播："请原谅我的所作所为。我爱人刚刚去世了，我状态很不好。"

如果人们来的时候都带着关心指南就好了：当我感到难过的时候，请你这样做；当你看到我做了什么或说了什么的时候，就离我远点。不幸的是（或者幸运的是），我们都不会读心。终此一生，在各种各样的人际关系中，通过训练注意力和沟通能力，我们会变得越来越善于倾听他人的需求。

和其他技能一样，勤加练习，陪伴痛苦的人就会变得容易，临场反应会更加自如。虽然你仍有可能让人感觉有些笨拙和无措，但你的陪伴会让人可以接受。

这是你需要终生学习的技能。在人生中，你会经常遭遇痛苦。从一般性的紧张到灾难性的丧恸，悲痛无处不在。

我们每个人都要学习如何见证痛苦。如果你在此前的人生经历中已经做得足够好了，那么请将那些经验代入到对你朋友的悲伤援助当中去。需要你见证的痛苦越深刻，你试图帮对方清除痛苦的冲动就越强烈。请坚持住，面对如此强烈的痛苦，你可以心怀畏惧，但不要退缩，也不要要求其他人对它视而不见。

技巧究竟是什么

陪伴身陷悲痛的人究竟意味着什么，在更深刻、更广泛的层面上来探讨这个问题十分重要。我们需要在面对他人的痛苦时，做出具体的、有实际意义的行动，并不是去他们身边晃一晃，放射爱心就够了（我的意思是，这些也要做，但这不是全部）。

站出来，说些什么

悲痛者与他们的支持团队之间的关系就如同在跳一支复杂的舞蹈：虽然大多数人都希望能为悲痛者提供支持和鼓励，但他们并不想进入悲痛者的世界。或者说他们害怕弄巧成拙，所以选择保持沉默。他们宁可抽身离开，也不愿冒风险伤害彼此的关系。

在《卫报》(*The Guardian*)的一篇文章中，作者贾尔斯·弗雷泽（Giles Fraser）提出"双倍孤独"，即在失去了爱人之后，悲痛者也失去了与周围人的联系。[2] 因为害怕帮倒忙，人们往往在我们最需要他们的时候选择沉默甚至消失。

我过去常常告诉朋友，你们是不可能帮我战胜悲痛的。如果他们太过频繁地给我打电话询问我的状况，我会觉得有压力。如果他们很少打来电话，我会感觉他们置身事外，忽略了我。如果我在杂货店遇到一些人，他们什么都没和我说，我会感到被无视。如果他们想要来找我谈谈我的近况，我立刻会感觉受到侵犯。

关心彼此是艰难而复杂的事。

重要的是，请记住，我们不需要你有多么完美。用下面这些话展开对话是完全没有问题的："我不知道说些什么，我知道我帮不了你什么。""虽然我尊重你的隐私和空间，但我很担心你，所以我想问问你的情况。"说出你的不安能够使你的存在和陪伴变得合理。试图隐藏你的窘迫会让局面变得糟糕。从悲痛者的角度来说，知道周围的人愿意忍受着忐忑不安陪伴在自己身边，是一种巨大的安慰。

如果你不确定有些话该不该说，那么你一定要问。作为陪伴者，即便你犯了错，悲痛者也会注意到你的努力，并对此充满感激。

该做什么，不做什么：列一份对照清单

在我探讨见证和陪伴悲痛者的时候，人们常常这样回应："是的，没错，我可以做到。然而，哪些事是我一定要避免的呢？"

我理解你需要一张路线图。我们都喜欢明确的步骤，尤其是在面对令人望而生畏的悲伤援助任务时。附录总结了哪些是有效的悲伤援助方法，你可以前往查看。下面我还想再强调几点。

不要比较悲痛。每个人都会经历丧恸，没有人能完全感同身受。虽然你忍不住会与悲痛者分享自己的悲痛经历，希望让对方明白你可以理解他的感受，但是你并不能真正理解对方。即使你们的经历有许多相似之处，也要避免用自己的经历当作切入点与对方建立联系。

你应该这样做：询问关于他们经历的问题。你可以通过表达对悲痛者感受的好奇来与他们建立某种联系。如果你有类似的经历，你可以告诉他们，你很了解悲痛是一种多么奇特又具有毁灭性的感受。要把控好对话的方向，你所了解的是整体的大概情况，而非他们具体的感受。

不要纠结于事实，也不要纠错。尤其是在悲伤的早期阶段，当事人的时间线和大脑中的信息都是混乱而模糊的。他们可能会记错日期，或者说错事情的经过。你可能会对他们的人际关系或"在何时与何人发生了什么事"有不同的看法，请忍住挑战或纠正他们的冲动。

你应该这样做：让他们自己去经历。谁更正确并不重要。

不要厚此薄彼。或许在你看来，就整体情况而言，你朋友的悲痛有些小题大做。你很想纠正他们的观点，让他们关注那些你认为更现实的事情。

你应该这样做：记住，悲痛属于悲痛者。你的想法与他们的悲痛无关。他们自己会判断事情有多么糟糕，正如你的悲痛情况只能由你去评判。

不要说恭维的话。当你所爱的人身处痛苦时，他们不需要你提醒他们有多么聪明、美丽、足智多谋，是个多么优秀的人。不要说他们有多么勇敢、坚强。悲痛并不是自信心不足造成的。

你应该这样做：记住，你对这个人的爱和崇拜会帮助他度过这段时期。告诉他你就在这里，当他感到在悲痛的道路上无法独自负重前行的时候，你是值得依靠的人。在你面前，他不必摆出一张勇敢、坚强的脸，他可以崩溃、失态，无所顾忌。

不要做啦啦队长。当我们经历黑暗的时候，我们的感受也会很灰暗，这是正常的。不是每个角落都需要鼓励的言语把它照亮。同理，不要鼓励悲痛者对拥有的一切心存感恩。幸福和不幸占据着相同的空间，并不是有了幸福，不幸就不存在了。

你应该这样做：做一面镜子，把真实情况反映给他们。当他们说出"这糟糕透了"的时候，你要告诉他们"没错，糟糕透了"。承认现状总会起到令人意想不到的巨大作用。

不要说"以后"。当你所爱的人身陷痛苦时，你总会忍不住想向他们描绘未来会多么美好。然而，那个未来与现在毫不相关。

　　你应该这样做：关注当下，如果对方在谈论过去，就和他一起回忆。请把选择权交给对方。

　　不要说教。"你应该出去跳跳舞，当初跳舞对我很有帮助。""你试过用精油调整心情吗？""褪黑素总能帮助我睡得更好，你应该试试。"当你发现有些方法对自己有效的时候，你总会忍不住向全世界宣告。可惜，除非对方特别询问了相关信息或建议，否则你的热情只会使他们感觉受到了侵犯，再说得直白一点，是居高临下的说教。

　　你应该这样做：相信对方有足够的经验和智慧照顾自己。如果睡不好，那么他们会去看值得信赖的医生或药剂师，或者在谷歌上搜索自己的症状。如果你看到他们饱受困扰，那么你可以询问他们是否想要听听你的经验。

　　不要主观臆断。在获得对方的允许之后再给出意见或方法是很重要的，不仅在悲痛经历中如此，其他沟通情境也是如此。在大多数情况下，人们需要的只是得到倾听，以及获得他人对自己面对的痛苦或挑战的认同。

　　你应该这样做：获得对方的准许。在提供建议和方法之前，或许你可以借用我的朋友和同事凯特·麦库姆斯的话:"现在你想听听我的主意吗?"
请尊重对方给出的回答。

还有许多重要的问题我们无法一一提及,但这份清单是个好的开始。并不是说所有"不要做"的行为都是不好的,它们只是无益于悲痛者。如果你的目标是支持、帮助你的朋友,那么请选择那些更有可能帮助你实现这个目标的做法。

我明明做了所有正确的事情,为什么收效甚微

有一件很重要的事你必须知道:有时候,你并没有做错任何事,但你的朋友还是拒绝回复你的短信,不来参加你的派对,也没有表现出你的关心对他有所帮助。

请记住,"帮助"的标志并不是对方的痛苦减少了,而是对方感到被认同和支持。尽管你的初衷是对他们表示支持,但你的朋友可能并非这样认为。

虽然你的动机很重要,但悲痛者的感受才是决定事情走向的关键。

很久以前,我曾经做过讲授性暴力认知的讲师,我常常提到性骚扰的定义。在马特去世几年之后,有一次,我和一个朋友聊天。我们思考了很久的一个问题是,我们应当如何描述某人的动机与悲痛者的经历之间存在的巨大鸿沟。我提到了性骚扰与悲伤援助之间的相似之处。我的朋友对这种对比感到非常惊讶:"你不能把一个想要帮助朋友的人比作性

骚扰的罪犯!"当然不能!我要说的是,这两者之间有一定的相似性,因为事实的认定取决于行为的承受者,而非行动者的动机。重要的是承受者的感受。虽然你不必认同悲痛者对你所说的话或提供的帮助的感受,但你必须尊重他们。

并不是说你满怀好意,你的朋友就一定会买账。询问对方的感受很重要。询问对方是一个应长期做下去的善举,这个做法会让一切越来越好。

请记住,你的目标是提供真正的支持。这意味着你要主动放弃你认为有帮助的那些做法,还有八卦之心——你要对朋友的需求做出积极的回应。

不要太感情用事

说实话,在悲伤援助这个问题上,我发现纠正那些置身事外的人比纠正真心实意想要帮忙的人要容易得多。当某个我认为无关紧要的人对我发动慰问攻势或者对我的痛苦给出不屑的评论时,我可以很自然地纠正他们的错误。然而,对于真正爱我的人,那些真诚地想要帮助我、陪伴我的人来说,他们的失误会使我不堪一击。我不知道该如何纠正他们的主观臆断和建议。他们的关注令我身心俱疲。当你处于悲伤的早期阶段时,你的亲朋挚友没有足够的精力来满足你所有的情感需求。正如我一直所说的,悲痛是个强大的对手,没人能战胜它。

我刚刚说到你应该询问朋友一些问题,关心一下他们的感受,同时检查一下你的帮助行为是否起到了积极的效果,在必要的时候,重新反思和评估自己的行为是否恰当。有时候,你越积极地表现出你的支持,越主动地去询问对方的感受以求更好地为对方提供帮助,对方越会反感和警惕。

举个例子,在马特去世之前,我有几个非常要好的朋友。他们情商很高,积极回应我的需求,我们的关系非常好。然而,在我身处悲伤的早期阶段时,我们之间的互动让我疲惫不堪。他们想要知道他们怎样才能帮上忙。他们不断地询问我"怎样才能最好地认可我,怎样才能最好地陪伴我,怎样能提出最好的问题,怎样才能最好地给我空间"等问题。怎样才能告诉他们,这种关心我的方法给我带来了巨大的压力?这让我感到羞愧不已,只想逃离。我根本没有多余的力气来说出我的需求。反复被询问、给对方反馈和建议让我筋疲力尽,甚至让我回避这几个好朋友。

对于这个问题,我们可以这样想:悲痛者的语言在这个世界上只有一个人能理解,而那个人不在了。你很想让悲痛者把他的语言教给你,以便你们可以沟通。然而,无论你多么想和他们交流,用东西补偿他们,他们也无法教会你这种语言。你不能要求他们迈出自己的痛苦,教会你表达悲痛的词语和语法,教完后再回到悲痛中,这是不可能的,他们根本做不到。他们已经无法使用大脑设计课程、提供反馈的能力了。

从某种角度来说,我对你的要求涉及两件截然相反的事情:在接近对方的同时克制住窥探的冲动。作为悲痛者的朋友，你需要及时回应他们，对他们的需求保持积极的态度。与此同时，不要要求悲痛者做多余的事。请观察你的言行对他们产生的影响。在悲伤的早期阶段，不要期待或要求他们运用正常的情绪调节技能。他们还无法应对自如。要求悲痛者告诉你如何为其提供最好的帮助也超出了他们的能力范围。

当某种做法没有起作用的时候，应该表态的是悲痛者，但他们似乎说不出口。提出需求的责任在于悲痛者自身，但他们似乎不愿表达。你只能凭着对他们过去的了解，看看在悲痛撕裂他们的生活之前，他们是怎样的人，用这些信息指导你为他们提供帮助。

请不要放弃。

悲痛者想让你明白：他们爱你，即使他们的生活已经天昏地暗，你无力触碰到他们的内心。

对悲痛者而言，与能理解真实的悲痛而不妄加揣测的人共度时光是莫大的安慰。从歇斯底里的大笑到难以抑制的抽泣可能仅仅只间隔几分钟，只有陪伴在他们身边的人能够对任何突发状况都泰然处之，悲痛者才能感到放心。你的平和、坚定的陪伴才是你能给予的最好帮助。

你不可能做到十全十美，我们也不对你抱有这样的期待。你能做的就是付出更多的关爱。

他们会欣赏和感谢你所做的一切以及你所有勇敢的尝试。

4

第四部分

前进之路

第 15 章

善 后 部 落
陪伴、真实的希望，
以及前进之路

陪伴、反思与联系对于度过悲痛时期来说很重要。正如我在本书开篇提到的，互助才是生存之法。我们彼此需要，相互依偎。

悲痛是一种足够孤独的经历。它会更新你的通讯录：你以为无论风雨都会陪伴你的人要么消失了，要么因为言行不当被你从通讯录中删去。即使是那些真正爱你的人，或者无论如何都要陪伴你的人，也无法体会你的感受——就好像你的全世界都随着逝去的人一起离开了。很多悲痛者感觉自己就像身处另一个星球，或者希望自己能飞去另一个星球，那里有他们的同类，能够理解他们。

我们都需要有一个空间去表达真实的痛苦是多么难以承受。我们都需要有一个空间去分享自己的经历，无须在意别人的批评和意见。虽然朋友和家人能很好地支持悲痛者，但我发现,最能帮助悲痛者的是悲痛者组成的群体。

我和埃利亚是很多年的朋友了。我们是在网上认识的,一直没有见过面。有一年夏天,她骑行穿越俄勒冈州,我们决定在西赛德市的海滩见面。我到达目的地之后发现,海滩上到处都是人,那一刻我真实地感到了社交恐惧。我该怎样从这么多人里面认出她呢?我只见过她的照片。我不可能直接走上去对某个人说:"不好意思,你认识我吗?"紧接着我想到,她一定会带着她的儿子瓦苏一起,所以我先找小男孩的位置。我的意思是,我知道孩子常待的地方,我要先找到瓦苏。

几秒钟之后,我想起瓦苏去世了。他是和马特同一年去世的。我之所以会和埃利亚成为朋友,就是因为她的儿子去世了。实际上,我和很多人相识的原因都是他们的亲人去世了。

这些人帮助我活了下来。

我生命中许多美好的事情都来自这些悲痛者组成的群体,这是丧恸带来的为数不多的真正馈赠之一。我们每个人都借助悲痛者社群来填补失去的生活。虽然此生我们并不想经历这些痛苦,但我们依然会拼命地关爱、保护、守卫和尊重我们遇到的每个同行者。

"

虽然我的心仍旧四分五裂,但心灵的伤口在缓慢愈合,用它自己的方式进行自我修复。内心的空洞会永远存在,失去爱人的痛是那么深刻。我的心再也无法恢复如初了。它变得更坚强也更脆弱，更开放也更闭塞。

虽然我们的经历不同，但我能体会你的悲伤。听到你的话，我能感受你的痛苦，因为丧恸有相同的源头。我之所以能感知你的痛苦，是因为我有同样的感受。虽然我们的故事不同，失去的对象也不同，但我希望你知道，我能体会你的悲痛。

最重要的是，我希望你能感受到你的丧恸被接纳，被证实是真实存在的。

我听到了你的声音。

我向你致敬。

格雷斯，"写出你的悲伤"工作坊学员，
在兄弟去世后找到了悲痛者群体

个体与集体

每天，我几乎都在谈论或书写悲痛。我的文字、工作坊和课程等我所做的一切都是为了给那些悲痛者一些宽慰。和你们分享我自己和学员们的故事，是想要告诉你们，你们并不孤单。

当你突然经历一个强烈的丧恸事件之后，你经常会听到的一句话就是："你不是一个人。"然而，事实并非如此。

无论人们告诉你多少次"我们会在你身边"，无论他们的陪伴有多么贴心，也没有人能代替你经历悲痛。没有人能

走进你真实的大脑和心灵，无时无刻地陪伴你。

你身陷悲痛，你是孤独的。只有你知道你的悲伤是如何在体内存在的。只有你自己知道悲痛经验的全部细节，意外事件的前因后果，还有失去挚爱之后出现的那些微妙变化。只有你自己知道生活发生了多么重大的改变。在内心深处，面对这一切的只有你自己，没有人能和你一起经历悲痛。

即使是和你有相似丧恸经历的人，也不能改变这个事实。在悲痛的世界中有一个阿拉伯民间故事经常被提及，叫作"贝都因人的羚羊"。

> 故事主人公的儿子死了，为了让妻子接受这个噩耗，他把儿子的尸体裹在一个斗篷里面，然后告诉妻子，这是他猎到的羚羊。为了烹饪这只羊，妻子必须找一户从未经历过悲伤事件的人家借一口锅。她挨家挨户地敲门，问遍了每个邻居。然而，每个人都向她讲述了一个不幸的遭遇。
>
> 妻子两手空空地回到家，告诉丈夫："所有人的锅都烧过悲伤的饭。"男人打开斗篷，露出儿子的尸体，说："现在轮到我们来做这顿悲伤的饭了，这就是我们的羚羊。"

我们把这个故事解读为"人人都会经历悲痛"。没有一户人家，没有一个生命，是没有经历过痛苦的。

然而，我很讨厌这个解读背后隐含的半句话：人人都会经历悲痛，所以你的悲痛没什么特别的。换句话说：振作起来吧！你的悲痛不值一提，因为人人如此。丧恸的经历并不独特，你没有权利一直深陷其中。人人都感受过悲痛，大家会要求你给痛苦降级。

当然，这个故事还可以从另一个角度解读。

在女人挨家挨户借锅的时候，她还不知道在家里有一个噩耗等着她，她已经了解了他人的痛苦。她提前了解了哪些家庭遭受了她马上就要遭受的丧恸。在不知道实情的前提下，她已经踏出了第一步，即在一个悲痛者组成的群体中寻找自己的同盟。

这段敲门的旅程提前让她做好了心理准备，在她的耳旁悄悄地说：去见见他们，了解他们。在悲痛中你是孤独的，你会极度孤独，而这些人会是真正理解你的人。

其他经历过痛苦的人，即使他们的痛苦和你非常相似，也不能说明他们的方法就是应对悲痛的方案。他们存在的意义是指引你走向理解的道路，将你领到同盟的面前。

他们的意义在于告诉你，谁能倾听你的痛苦，谁能与你并肩而立、见证一切。

那天，在西赛德市的海滩，我之所以想要寻找埃利亚的儿子，是因为她的儿子对我来说是真实存在的。她的悲痛故事嵌套在一个爱的故事里面，我在两个故事里都看到了他。瓦苏之所以是真实的，不仅是因为我看到了他生前那些快乐的照片，而且因为我倾听了他母亲讲述的每张照片背后的故事。通过埃利亚的文字，我能想象瓦苏一天天变得不像一个男孩，更像一个肿瘤。我能想象他在死亡边缘徘徊的日子有多么煎熬,在死亡最终降临的时刻有多么痛苦。我能想象悲痛如何刻进她的身体,如影随形。我能想象她的爱与绝望交织,她也能理解我身处同样的困境。我们彼此接收到了对方的痛苦信息。我们坦然地面对彼此的痛苦,就像我们坦然面对彼此的爱一样。我们接受彼此的全部。

我要说的就是这一点。在悲痛者群体里,一切都可以接受。虽然我们明白自己是孤独的,但我们并不因此感到孤独。我们听到了彼此的声音。尽管这不能改变痛苦本身,但它多多少少让事情变得不同了。

> 人与人之间的联系是治疗悲伤的良药。
> ——保利娜·博斯(Pauling Boss)[1]

亲属与认同

找到其他和你经历过相似程度痛苦的人,他们理解你有多么孤独。找到那样一些人,他们能让你明白,你所经历的一切不管看起来多么怪异,都是正常的。找到生活在悲痛中的人也就证明了你担忧的那个噩梦是真实存在的,有些事情永远不会变好。

对于那些经历了巨大丧恸的人来说,他人认识到你内心深处的痛苦非常重要。如果一个人能看透你的外在,真正看到并且认可你的生命内核是一片废墟,这将会改变一切,会产生前所未有的帮助。

> 死亡创造了一个家庭。
> 我走进了这个圈子,
> 里面有母亲、父亲、儿女,
> 他们眼中永远含着泪。
> 想要一路跑回过去,
> 想要跑。
> 然而,他们没有跑。
> 我握住了默哀者的手。
> 我们跑不赢痛苦,所以只好猛烈攻击它。
> 我们用光与爱支撑彼此,
> 我们虽步履蹒跚,但彼此扶持。
> 我们走着,
> 不知道为什么,
> 也不知道要去哪儿。
> 流星涌进月光里,
> 我们一起再走一小段。
> 凯西·托马斯·罗森(Kathi Thomas Rosen),
> 　　"写出你的悲伤"工作坊学员,
> 　　　　写给去世的丈夫赛斯

善 后 部 落

周围人总担心你花费太多时间浏览与悲痛相关的博客,

阅读悲痛主题的书，或者与有相似经历的人交谈。这完全是杞人忧天。在人际交往中，我们总是会寻找彼此的相似之处。我们天生就倾向于选择和我们有共同的兴趣、爱好和背景的同类。当然，你会去寻找和你性情相投的悲痛者。一个治疗师指出，经历了这种程度的丧恸之后，你的世界会分裂成两半，一半是理解你的人，另一半是不理解你的人。你和外部世界之间有一道巨大的分界线。虽然这条分界线可能不是一直清晰可见，但现在它显现出来了。此刻就是你需要一个善后部落的时候。

我曾经很讨厌"部落"（tribe）这个词。然而，亲身经历了这些，找到了志同道合的盟友，开辟了一个空间让人们寻找彼此契合的对象，凡此种种让我不再怒视这个词。我们是一个部落，是一个善后部落——在死亡、丧恸之后，在其他人都迈步向前的时候，那些和你一样的悲痛者依然在这里。

相比于丈夫刚去世的时候，现在我更容易找到悲痛者群体。以前，大多数提供悲伤援助的网络资源都假设，失去爱人的人一定都过了70岁，只有很少的几个网站是为意外丧偶的年轻人设立的，但内容都极度宗教化，他们试图把雨后彩虹和快乐结局这种积极心态强加在无法修复的痛苦之上。避重就轻的陈词滥调、敷衍的回应在以前对我毫无帮助，在马特去世之后，更是让我无法忍受。作为一个有文艺气质的、自省意识很强的、过分机敏又完全过时的人，我生活在一个勉强能称作小镇的地方，经常感到自己和世界格格不入。在马特去世之后，我甚至在这个小镇都找不到归属感了。

那段时间，我花了很多时间在网上寻找和自己有相似经历的人。从凌乱的网络评论中拼凑出有用的信息，在一个又一个语焉不详的博客中，我找到了同盟。

阅读他们的故事，听他们讲述自己的痛苦经历比其他任何方法都能帮助到我。这些和我并肩而立的人，愿意站在我（和他们自己）生命中那个骤然出现的巨大空洞旁边，既不移开目光也不粉饰太平——他们支撑着我活下来。在我迷路的时候，他们的故事是指引我方向的面包屑⊖，而我总是在迷路。那句古老的话"我们站在巨人的肩膀上"在我看来就是至理名言。因为他们宽广的胸怀，因为我们共同创造的意义，因为我们讲述的那些故事，我才能从无法承受的不幸中幸存下来。

我们就像一面镜子，把支离破碎的世界投射给彼此。

和我一样失去伴侣的人，一样悲痛的人，还有那些心碎的人，我们共同讲述了一个从无法修复的痛苦中存活下来的故事。我们讲述这个故事的方法很简单，就是说出事实。我们接受了丧恸无法被改变的现实。我们在悲痛中互相陪伴。我们见证了彼此的真实。

这就是认可的力量：它旨在陪伴，而非解决问题的方案。和那些悲痛的、心碎的人们彼此守护，才是我们度过悲伤时

⊖ 出自故事《糖果屋》：一对兄妹被狠心的继母抛弃到森林中，哥哥沿途撒下面包屑作为记号，没想到面包屑被鸟吃掉了，他们找不到回家的路，误入女巫的糖果屋差点送命。凭借机智与勇气，他们最终脱离魔掌。——译者注

期的方式。不要试图修复伤痛,也不要试图美化它,要把事实说出来,共同见证、承认和倾听。

我们需要彼此

其实,事情的发展出乎我的意料。如果马特没有死,我早就彻底离开心理治疗领域了。在马特去世之前,我告诉他我受够了,不想再干这一行了。在他死后,我不再接受任何来访者的咨询。

然而,悲痛让我感到了前所未有的孤独,孤独的滋味我太了解了。孤独迫使我寻找那些可能成为盟友的人。这个过程就像大海捞针,我钻过很多死胡同,看错过很多人,经历过很多失望,这段经历促使我开始现在的工作。一想到那些陷入悲痛世界的人找不到自己的同类,也听不到类似的经历,我就心如刀绞。

我重新回到这个领域工作的原因是,我看到了人与人之间的联系是多么强大。之前我说过,我一直把写作当作一种媒介。当我刚开始做悲伤援助工作的时候,我通过写作满足了自己最迫切的需求——陪伴、承认、生存。我写作的原因是文字能够帮助我。写作让我更容易找到盟友。我写书、发表博文、开设课程、组织工作坊——之所以做这些事,是因为我有一种使命感,一个人也好,一千个人也好,我应该做些什么来减轻人们的负担,让他们不再孤独。除了这些,我还能做什么呢?

本书中的许多文字素材都选自我组织的"写出你的悲痛"工作坊。在过去的几年里,我有幸阅读并见证了许多美丽又残酷的故事。完成这些课程的学员一次又一次令我惊叹,他们爱的能力、见证痛苦的能力和用善良接纳彼此的能力都令我动容。从第一次线上关爱日活动到持续多年的援助活动,这些学员已经成了彼此的家人。他们怀着爱心欢迎每个新加入的学员,确证每个新的故事。我们所做的一切,就是创造一个空间来安放悲痛,因为是悲痛让我们聚集到了一起。

那些帮助我活下来的方法也帮助了他们,同样也会帮助你。陪伴和见证,这不是魔法,是爱,是坚定的爱。

这样的爱可能在你们共同写作的圈子里,可能在其他的平台上,也可能在线上社群或者真实生活当中。重要的是,你能找到一个空间,那里的人了解你的悲痛是有价值的,是值得倾听和尊重的。当你的生命失去中心,精神被掏空的时候,你需要的是能陪伴你临渊而立、不离不弃的人。

> 我们是一群被悲痛摧毁的美好之人。我会想念你们的声音,甚至是那些一直沉默的人。一个安静的账号点赞了某个帖子,这总会引起我的注意。我希望我们每一个人,包括我自己在内,能够继续张开怀抱,接纳那些丧恸和悲痛的人,能够在我们的生活中发现一些舒适和放松的时刻,让其他团体能够听到我们的故事,和我们分享他

们的丧恸经历。

我们就是一支合唱团,分享的音乐多么美妙!我听到了生命的赞歌、绝望的挽歌、爱的合唱以及悲痛的歌剧。每个人,请写下去吧!我希望能通过网络再次听到你们的心声。我希望我们的声音可以合而为一,也可以与其他群体中悲痛者的声音融为一体。

我希望每个人都能找到机会,与那些理解真实丧恸的人分享自己的经历,向那些帮助我们缅怀逝者的人,那些真正理解痛苦的人倾吐心声。祝好运,我的朋友们。我向你们致敬。

> 克莉丝·格洛因(Chris Gloin),
> "写出你的悲伤"工作坊学员,
> 写于丈夫比尔去世之后

善良的文化

与理解你的痛苦有多么沉重的人待在一起,并不能改变任何事情。我一再重申,有些事是无法挽回的,我们只能背负着这些伤痛前行。你的悲痛和爱,只能由你来承受。

从悲痛中幸存下来,最终能背负着痛苦建立新的生活,要做到这一点,前提是既接受自己,又接受那些意外卷入这种生活的人们。我们为自己和对方创造真实的希望。我们需要彼此才能生存下去。

虽然悲痛的重担只能由你独自来扛，但是我希望你可以找到能看到你的痛苦、陪伴你、抱紧你的人，并得到归属感。虽然有时候这个寻找的过程会很艰难，但要相信你的盟友就在那里。寻找他们，把他们集合起来，组成一个你能够依靠的"光之舰队"。

我的一个学员认为写作工作坊营造了一种善良的氛围。好消息是，和几年前相比，现在有很多地方都有这种氛围，也有很多机会能创造这种氛围。在你毫无防备的情况下，生活忽然扔给你巨大的挑战，此时，这些真正的团体组成的"小岛"会改变你的一切。

我明白，要找到这样的地方需要付出巨大的努力。虽然现在这项工作变得容易了，但仍旧没有那么简单。请浏览你的大脑和心灵能承受住的一切信息，阅读那些评论（忽略那些自负和残忍的评论），点击你找到的链接，留下评论。请穿越悲痛的荒原，搜寻你的盟友，直到你发现他们的营地，或者自己组建一个团队。尽管我可以用各种修辞来形容它，但万变不离其宗：我们只有变得可见，才能找到彼此。我之所以能找到我的盟友们，是因为他们愿意被发现。写作、评论、联系，你能找到表达真实自我的方式越多，你的盟友就越有可能找到你，你的文字也越有可能帮助你找到他们。请点亮你的火把，高举它，寻觅下去，找寻下去。

我知道这令人筋疲力尽，所有的方法都令人筋疲力尽。我唯一能向你保证的是，找到你的盟友会让生活变得容易一些。陪伴和亲缘关系才是你的生存法宝。如果你觉得这是天方夜谭，那么请你至少保留成为他人盟友的意愿。勇敢点儿！可能你的经历很罕见，但你并不是唯一活在噩梦里的人。我们在这里，我们都在听你说。

没有人能走进我们内心最深处的悲伤。在我们这些人中，即使是那些了解丧恸巨大破坏力的人，也无法真正了解你最深刻的悲痛。这是只属于你的隐私。

然而，作为一个群体，我们能认出同类，并尊重我们看到的痛苦。我们的心灵承受过巨大的、深刻的伤痛。这样的伤痛使我们能够彼此支持。当我们叩响彼此的心门时，我们就成了彼此的驿站。

真相是：你并不孤独！

> ### 祝福
>
> 愿那些哭泣的人知晓，
> 我们与你同悲。
> 我们分享彼此的伤痛。
> 丧恸的真相是，
> 它虽然剥夺了我们原本的群体，
> 却也将我们聚集到新的团体中。
> 我们见证了，
> 人如何用倾听抚慰彼此。
> 在黑暗中，一点微弱的光芒。
> 在孤寂中，一个微小的声音。

在沉默中，一点关爱。

虽然是微小的尝试，

一只倾听的耳朵，

一颗敞开的心，

我们就能分享伤痛。

理查德·埃德加（Richard Edgar），

"写出你的悲伤"工作坊学员，

表达自我认同和归属的焦虑"

第 16 章

唯 爱 永 存

　　一本关于丧恸的书，不绕回期待中的大团圆结局，该怎样结尾？如果我们不强行转悲为喜，或是承诺一切都会有好的结果，结局会如何？

　　我之所以用爱作为本书的结尾，是因为爱是我们拥有的情感。爱既不是虚假的口号，也不是命中注定。爱就是爱！

　　我们会悲痛是因为有爱，悲痛是爱的一部分。

　　在你经历丧恸之前，世界是有爱的，现在你的身边也围绕着爱。在经历了生活的种种磨难之后，爱依然陪伴着你。爱的形式虽会改变，但爱从未离开，没有终结。

　　我的一位老师曾把生命对他的最大考验比作来回穿过横跨在过去和现在之间的桥。生活在悲痛中就是无休止地在过去和现在之间穿梭。生存之法在于连接过去与当下的生活。

　　事实上，我们什么也抓不住，物质世界、情感表达，甚至自己的思想都无法成为我们的精神支柱。然而，我们能与爱同行。它连接了现在、过去和未来。它让我们穿越不同的世界。

> 在爱的支持下，我希望自己可以：感谢并接受过去和现在的一切；感谢现在的生活方式；感谢清晨起床的勇气；感谢自己能看着鸟架上的灰雀；感谢自己能欣赏到家后面的圣凯瑟琳操场的日暮西垂之景；感谢自己明白世上有幸福也有痛苦。
>
> 我被爱依托着——理查德的爱，还有上帝的爱。愿我能接受自己，爱自己，原谅自己，允许自己成长，找到一个在没有你的世界里生活的方法，带着爱活下去。
>
> I. H.，
> "写出你的悲伤"工作坊学员，
> 写于丈夫理查德去世后

你难过，没关系

我们总是相信依靠爱就能修复伤痛，就好像爱是某种灵药，能够消除所有痛苦。这从来都不是爱能做的事。虽然爱和陪伴让你有底气面对痛苦，但它们不会让痛苦消失。它们既不能替代你所失去的一切，也不能让你感到好过一点。

有时候,爱是残忍的。它向你索要的远超出你能给予的。我在这里要说的大量与悲痛相关的事,都要求你足够坚强,能承受住爱要求你做到的事。你要找到陪伴自己的方法,要接受痛苦和爱共存的事实。

诗人娜奥米·谢哈布·奈(Naomi Shihab Nye)写道:"爱意味着你呼吸着两个时空的空气。"[1] 要把过去和现在的生活不可思议地连接在一起,从某个方面来说,就意味着在两个时空呼吸。爱存在于过去和现在,也连接着过去和现在。

这可能会让你痛苦很长一段时间。你们所了解的、渴望的、创造出来的爱能够带领你穿越痛苦。它是一条巨大的、宽阔的救生筏,不会破损。虽然有时你会忘记它就在那里,但只要你回来,就总能找到它。

整个宇宙都可能分崩离析,爱永远不会离开。爱就在这里,特别是在这种时候,它会陪你经历一切。爱是我们的依靠。当你一无所有的时候,你要紧紧把爱抓牢,让它带着你前行。

> 我相信世界是由爱创造并认可的,世界是由爱而存在和维系的。如果你还有拯救的余地,那么能拯救你的只有爱。
>
> ——温德尔·贝里(Wendell Berry),
> 《平凡的艺术》(*The Art of the Commonplace*)

悲痛的中间地带

我们认为，悲痛者只有两种选择：要么从不离开房间，永远陷在悲伤里，要么将所有伤痛都抛在脑后，往前走，去过精彩的生活。实际上，你所拥有的选择远比这要多，你既不必一直被悲伤诅咒，也无须逼迫自己选择一种根本不适合你的模式。

在这两个极端之间还有很大的一片中间地带。

这块悲痛的中间地带只能由你自己来打造——你要在伤痛中活出最好的自己，真实地面对自己，把爱当作向导和陪伴者。只有善待自己，你才能开启这片中间地带。你要拒绝向情感定式妥协，不要认为悲痛是一个需要解决的问题，要给自己足够的时间和空间释放痛苦。

没有人能在经历悲痛后再回到原来的生活，变回原来的自己。回到过去是不可能的。我们能做的就是承认那些伤口，还有生活中突然出现的空洞。我们能做的是用爱和善良面对内心的废墟，我们可以想象自我的哪些部分能从这场"爆炸"中幸存下来。

在Facebook上的一个帖子里，安妮·拉莫特（Anne Lamott）将这段经历称为"与内心的友谊"，这正是我想说的。找到悲痛的中间地带，就是要建立与心灵的友谊，在内心打造一个家。在这个过程中，你要学会见证自己的痛苦，像对待爱人一样和自己相处；你有保留自己痛苦的权利，无须为了他人勉强自己整理情绪或粉饰痛苦；你要找到那些能与你分享痛苦的人，那些不怕看到你心中苦痛的人。

如果你能找到将痛苦经历与你的生命缝合在一起的方法，你就能创造出自己的折中方法。是的，它会改变你——关于你会变成什么样的人，你会如何承受丧恸。折中方法永远处在未完成状态。在这种情况下，没有人会要求你否认痛苦，或是永远深陷其中。它让你在真实的爱中找到一个落脚点。只有在爱的支持下，我们才有安全感。

> 这是你的生活。你必须活下去，你的世界现在是一片废墟，过去你习惯的一切都被彻底抹除了，消失了……这片废墟既是毁灭之地，也是创造之地。这片废墟既是浓重的黑暗也是闪耀的光明，既是水也是干燥的大地，既是污泥也是甘露。面对深刻的悲痛，你真正要做的就是在这里建造一个家。
>
> ——谢丽尔·斯特雷德，
> 《美丽的小事》

一起向前走

在这一章中我要说的不多了。我知道这本书、这些文字还远远不够。任何事都不能让你的悲痛消失。我希望你能在这里找到一种陪伴，希望这本书里的试验和练习能帮助你度过这段生活。

我尽最大努力告诉你我所了解的悲痛的真相，给你一个比照的对象,给黑暗中的你一张地图。尽管我希望自己可以不必讲述这个故事,但这正是我亲身经历的故事。

我们的心总是以无法修补的方式四分五裂。我们必须用与以往不同的方式讲述这一点,只有这样,人们才能接受痛苦是真实存在的。我们必须发声,才能让大家都听到悲痛者的声音,才能让人们了解悲痛的真相。正如詹姆斯·鲍德温(James Baldwin)所说,故事都是讲过的。

> 克里奥尔人开始向我们讲述什么是蓝调(布鲁斯)。他和他的孩子们冒着破坏、毁灭、疯狂和死亡的风险保持着蓝调的活力,目的是帮我们找到倾听的新方式。不论故事是关于我们的痛苦,还是关于我们的欣喜和胜利,都不是新鲜事,它被反复讲述。所有的故事都讲过了,没什么新鲜的。抱着这个信念,无惧于讲出自己的故事,这是我们在黑暗中拥有的唯一一点光亮。
>
> ——詹姆斯·鲍德温,
> 《桑尼的蓝调》[2]

在讲述内心真实状况的过程中,我们也令身边的人开始发现自己的真实状况。过去我们常认为悲痛是需要解决的问题,而现在我们的观点发生了改变。我们在见证伤痛的过程中逐渐好了起来。我们学习如何接受爱的全部,包括那些艰难的部分。

只要说出真相,我们就开启了悲痛的话题,而话题真正的主题是爱。我们开始更好地爱每一个人。我们过去一直被一种救赎故事模式所误导，坚信只要努力克服悲痛，就能迎来幸福的结局，现在我们要开始重新审视这种错误的观念。我们不再因为痛苦而抱怨彼此，正相反，我们会共同改变可以改变的，接受无法修复的。我们会更能接受真相，即使真相刺痛我们的心。

在讲述和聆听真相的过程中，虽然我们不能纠正已经发生的一切，但至少能让现状有所好转。我们在痛苦中彼此陪伴，彼此见证。这就是爱的轨迹。这就是我们的使命。这是关于勇气的新故事，是我们需要讲述的新故事。

我明白，你从没有要求成为这个（悲伤）故事的一部分。我也希望你不是。如果你已经成为它的一部分，那么我也只能欢迎你的到来。你将见证一个改变的开始，改变的不只是你自己，还有他人的内心和思维。只要那个人身处这段经历之中，来到你身边，留下来，选择对痛苦的你表达爱和善良，改变就开始了。

承认痛苦是改变一切的前提。我很抱歉你需要这片空间，但看你来到这里，我非常开心。

你难过，没关系。

有些事无法修复，我们只能负重前行。

希望本书能帮助你背负你要承担的一切。

附录

如何帮助一个悲痛的朋友

这篇文章在我所写的所有文章中位列被转发排行榜前三。这篇文章总结了很多我在第3章中提到的内容。你可以把它拿给想要帮忙的亲友们看。

我做了10年心理治疗师,在那之前,我做了十几年社会服务工作。我了解悲痛。我知道如何处理自己的悲痛,也知道如何关照他人的悲痛。直到2009年,我的爱人在一个夏日溺水身亡,我才发现关于悲痛我还有许多要学习。

很多人都想要帮助正在经历丧恸的亲人或朋友。在这种情况下,语言总是苍白无力,我们张口结舌,说不出正确的话。有些人害怕说错或做错导致雪上加霜,于是选择袖手旁观。什么都不做的确是一种选择,却绝不是一个好的选择。

虽然并没有完美的指南帮助你回应和支持你关心的人,但还是有一些不错的基础规则可以为你提供帮助。

1. 悲痛属于悲痛者

在朋友的悲痛中，你是一个支持者，不是核心人物。你可能有太多的建议、意见和帮助，要求悲痛者不该怎样做，或不该有怎样的情绪。悲痛是一种非常私人的经历，只属于亲身经历的人。你可能认为，如果是你，同样的事情发生了，你会做得不一样。我们希望你没有机会尝试。悲痛属于你的朋友，跟着他们的步伐就对了。

2. 陪伴，说真话

当你的朋友如今的生活充满痛苦时，你会忍不住想要对他过去和未来的生活下结论。你无法预知未来，你对自己和朋友说之后的生活有可能变好，也可能变糟。过去你朋友的生活很不错，这并不能弥补现在痛苦。陪伴你的朋友，即使现实充满痛苦。

为了安慰朋友，你可能还会忍不住对现状做总结。你无法了解你朋友的爱人是否完成了此生的事业，或者他们是否在一个更好的地方。这些基于未来的、全知全能的、过于概括的陈词滥调对你的朋友毫无帮助。你只需要告诉他，我爱你，我在这里。

3. 不要试图修复无法修复的创伤

你朋友的丧恸无法被修复、弥补或解决，痛苦本身无法被抚平（参见第 2 条）。不要说任何试图修复无法修复的痛苦的话。拥有一个不去试图剥夺自己痛苦的朋友，对悲痛者来说是一种很奇妙的解脱。

4. 愿意见证朋友无法承受的痛苦

请在履行第 4 条的同时，努力做到第 3 条。

5. 这不是关于你

陪伴痛苦的人并不容易。你会感到愤怒、恐惧、愧疚、有压力、被质疑。你的情感很可能会受到伤害。你可能会感到被忽视，并且没人感谢你。你的朋友无法很好地扮演他们在人际关系中的角色。不要针对个人，也不要因此向他们发火。这时候，去找你的朋友，向他们寻求依靠——你和朋友应该互帮互助。如果有问题，你可以参考第 1 条。

6. 参与，不要问

请不要只对朋友说"如果你需要什么，就给我打电话"，因为你的朋友永远不会打。不是因为他们没有需要，而是因为发现一个需求，找出可能满足这个需求的人，接着打电话询问，远远超出了他们的能力范畴。与之相反，你要给朋友确切的信息："我会在周四下午 4 点到，把你的可回收垃圾带走。""每天早上上班时我都会顺道过来遛一下你的狗。"你要做个靠谱的人。

7. 重复做一些事

真正的悲痛是非常沉重的，你根本无法感同身受（参见第 1 条），但你可以放松对悲痛中的朋友的要求，让他们卸下必须回到正常生活的包袱，轻装上阵。有哪些是你能反复帮他们做的事情呢？遛狗、铲雪以及收邮件都是不错的选择。用这种微小、日常的方式帮助你的朋友，这些才是爱的实际表现。

做某些事之前，你要征得朋友的同意，比如帮朋友洗衣服或者打扫屋子。那个沙发旁边的空瓶子看起来像垃圾，但可能是她的丈夫留在那里的。那些脏衣服可能带有她丈夫的气味。你理解我的意思了吗？细小的生活琐事是有价值的。你一定要先问再做。

8. 将任务打包压缩

可能会有比较困难的任务需要你完成，比如购买骨灰盒，到太平间认尸，整理或打包房间里的物品。提出帮忙的意愿并践行你的承诺。在完成这些任务的过程中，你要听从你朋友的安排。你在他们身边的陪伴本身就是重要并且有力量的。语言常常没有必要，而陪伴和见证是必要的。

9. 转移注意力

对于刚刚经历丧恸的人来说，各种想要提供支持的人一下子出现会成为莫大的压力。原本这段时间应该是非常个人和私密的，结果成了供人观看的"鱼缸秀"。这里有一些方法可以为你的朋友打掩护，你可以做他的指定代言人和守门人——向外界传递信息，组织那些好心人，保证朋友的安全。

10. 教育和宣传

你可能会发现其他的朋友、亲属和熟人会来询问你朋友的信息。在这种情况下，你可以巧妙地充当一个教育者的角色，比如用这样的回答为悲痛正名："她的情况时好时坏，可能一段时间内都会是这样。强烈的丧恸会改变你生活的每一个细节。"如果还有人继续刨根问底，你可以这样说："悲痛永远不会停止,你只能用不同的方法背负它前行。"

11. 爱

总而言之,请表达你的爱,陪在朋友身边,说些什么,做些什么。你需要和朋友并肩站在其生命被撕裂的创口旁边,而不是畏缩逃避。不要寻求任何答案,要倾听朋友的心声,陪伴朋友。请付出爱,因为唯爱永存。

致　谢

　　我读书时总会翻看致谢。我乐于了解围绕一本书展开的关系网、作者的导师和引路人，了解文字背后的生活以及作者本人。一本书就是生活的一个小片段，也是生活的副产品。于我而言，写作这本书的过程是艰难的，也是美好的。我生命中的重要之人使我意识到这一点。萨曼莎（主持所有的工作），辛西娅、萝茜、TC、斯蒂芬、迈克尔、萨拉、纳迦和威特，以及在那段时间相遇的另一群人——感谢他们的倾听，在我迷失的时候把我拉出深渊。在我写作的日子里，我的胞兄妹们为我排忧解难——感谢他们一直以来的陪伴，我们还将一起迎接未来。感谢我的探戈社团，那是唯一能让我停止思考和写作的地方。我工作坊的学员为本书贡献颇多，他们的邮件和笔记时常在关键时刻提醒我写作这本书的原因。感谢他们和我分享真诚的文字和内心的感触。我的一些朋友在马特去世后相继离开人世，而我仍旧能感受到他们围绕在我身边。无论彼时还是现在,他们无声的支持对我而言胜过千言万语。感谢我的经纪人戴维·富盖特,在我们第一次探讨悲伤的时候他就相信我提出的文化转型观念。感谢我的出版社团队,我还要再说一次,我感到了你们的关怀和爱护,那对我意味着一切。感谢你们。

说我自负也好,说我奇怪也罢,我欠自己一个感谢——感谢曾经的我,感谢那个在悲痛欲绝的那天和之后的许多年在河边徘徊的我,感谢那个痛不欲生却活下来的我。这本书是写给我自己的一封情书,是一次穿越时空的旅行。写作这本书,既是为了我自己,也是为了所有读到它的人。请透过我的文字回到过去,去拥抱痛苦,活下去!

注　释

第 3 章

1. Brené Brown, *Rising Strong: The Reckoning. The Rumble. The Revolution* (New York: Spiegel and Grau, 2015).

第 4 章

1. For more on the origins of victim blaming, see Adrienne LaFrance, "Pompeii and the Ancient Origins of Blaming the Victim," *The Atlantic*, October 2, 2015, theatlantic.com/technology/archive/2015/10/did-the-people-at-pompeii-get-what-they-deserved/408586/.

2. Cheryl Strayed, *Tiny Beautiful Things: Advice on Love and Life from Dear Sugar* (New York: Vintage, 2012), 145.

3. Ibid.

4. Barbara Ehrenreich, *Smile or Die: How Positive Thinking Fooled America and the World* (London: Granta Books, 2010); also her article, "Smile! You've Got Cancer," *The Guardian*, January 1, 2010, www.theguardian.com/lifeandstyle/2010/jan/02/cancer-positive-thinking-barbara-ehrenreich.

5. Ibid.

第 5 章

1. Pauline Boss, "The Myth of Closure," interview with Krista Tippett, On Being, June 23, 2016, onbeing.org/programs/Pauline-boss-the-myth-of-closure/.

第 6 章

1. Ground rules for living in grief: see the Rules of Impact at my website, Refuge in Grief, refugeingrief.com/rules-at-impact-how-to-survive-early-grief.

第 8 章

1. See Mirabai Starr, "Softening into the Pain" (blog entry), January 12, 2011, https://mirabaistarr.com/softening-into-the-pain/.

第 9 章

1. For more on neurobiology and attachment, see Thomas Lewis, Fari Amini, and Richard Lannon, *A General Theory of Love* (New York: Vintage, 2001).

2. James Hillman, *The Dream and the Underworld* (New York: Harper & Row, 1979).

第 11 章

1. The practice of writing below the line comes from one of my first writing teachers, Eunice Scarfe, of Edmonton, Alberta.

第 12 章

1. Samira Thomas, "In Praise of Patience," *Aeon*, May 12, 2016, aeon.co/essays/how-patience-can-be-a-better-balm-for-trauma-than-resilience.

2. Ibid.

第 14 章

1. Parker Palmer, "The Gift of Presence, the Perils of Advice," On

Being, April 27, 2016, onbeing.org/blog/the-gift-of-presence-the-perils-of-advice/.

2. Giles Fraser, "We Cannot Fix People's Grief, Only Sit with Them, in Their Darkness," *The Guardian*, April 14, 2016, theguardian.com/commentisfree/belief/2016/apr/14/we-cannot-fix-peoples-grief-only-sit-with-them-in-their-darkness.

第 15 章

1. Pauline Boss, "The Myth of Closure," interview with Krista Tippett, On Being, June 23, 2016, onbeing.org/programs/Pauline-boss-the-myth-of-closure/.

第 16 章

1. Naomi Shihab Nye, *Words Under the Words: Selected Poems* (Portland, OR: Eighth Mountain Press, 1994).

2. James Baldwin, *Going to Meet the Man: Stories* (New York: Vintage Books, 1995).

扩展资源

当你身处悲痛之中时,寻找好的资源是一件艰难的事情。虽然对悲痛者的支持环境在逐渐向好,但依然并不算趋于完美。我比较认可如下组织机构和资源。

对于有孩子的家庭,最好的咨询机构是道奇中心(Dougy Center)。该机构有儿童悲痛领域的国际专家,还特别邀请了一些参与过大规模自然或人为灾害的悲痛救助工作的专家。

MISS 基金会(MISS Foundation)是专注为孩子夭折的家庭提供支持和资源的机构。

Soaring Spirits International 的网站上有许多作者,他们写作的文章都是关于伴侣或伙伴的丧恸的。该组织还会为丧偶人士举办周末聚会,参与者很多都是 50 岁以下的人。在 soaringspirits.org 这个网站上搜索 Camp Widow,你可以在相应页面,找到许多其他为丧偶人士和悲痛家庭提供的服务链接。

Modern Loss 是个不错的网站，适合青年人和中年人。该网站有访客的发帖和文章，涵盖了各种各样的悲痛案例。如果你是一个作家，你可以考虑在该网站上传自己的作品。网址是 modernloss.com。

Glow in the Woods 是为婴儿夭折的家庭开设的网站。它提供了大量有关丧恸陪伴的有用资源，并且为经历新生儿夭折和母亲产后死亡的家庭准备了许多应对生理和情感问题的信息。网址是 glowinthewoods.com。

利兹·洛格林基金会（Liz Logelin Foundation）为有父母去世的家庭提供资金支持。你可以访问 thelizlogelinfoundation.org 来进一步了解该基金会。

创伤与疗愈